鸡尾酒制作图鉴

（日）斋藤都斗武 （日）佐藤淳 著

杜娜 译

辽宁科学技术出版社

·沈 阳·

目 录

Part 1　鸡尾酒的基础知识

鸡尾酒的定义和分类 ———— 22

Part 2　材料的基础知识

了解烈酒 ———— 44

▌了解利口酒 —— 56

▌了解其他种类的基酒 —— 60

温热

专栏　**世界上的烈酒** —— 62

Part 3　鸡尾酒酒单

▌金酒基酒 —— 64

 经典　金汤力／吉姆雷特／马提尼 —— 66、67

伏特加基酒 ——— 84

朗姆酒基酒 ——— 104

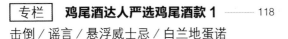

水果

薄荷

香草

榛果 / 坚果

可可豆

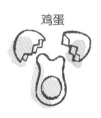

鸡蛋

巧克力奶油

什么是鸡尾酒?

是色彩缤纷的甜味酒？还是在酒吧里静静品尝的高格调酒？

在鸡尾酒的世界，你一定能找到自己喜欢的那款酒。那就让我们一同走进鸡尾酒的世界，看看丰富多彩，又富含深意的鸡尾酒吧。

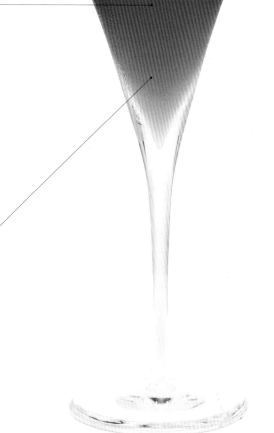

▌ 酒 ⇒p.26

烈酒和利口酒常用作鸡尾酒的基酒，再添加其他的酒来搭配和改变风味。

▌ 副材料 ⇒p.28

碳酸饮料可以作为酒的搭配，果汁和糖浆可以赋予鸡尾酒与众不同的风味。有时还会使用鸡蛋、牛奶和盐等不同种类的食材。

工具 ⇒ p.30

　　用来混合材料的工具，还有称量的工具以及用来装饰的工具。

制作方法 ⇒ p.34

　　制作鸡尾酒的混合方法主要分为 4 种，分别是兑和法、搅和法、调和法、摇和法。根据混合方法不同，味道也会改变。

冰块 ⇒ p.29

　　这是制作冰镇鸡尾酒的必备材料。一般在混合和长饮时加入。

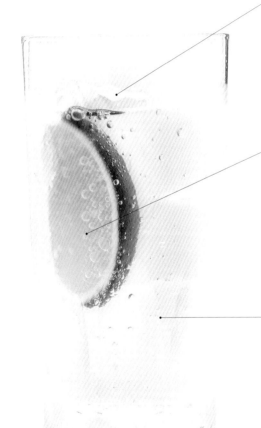

装饰 ⇒ p.38

　　在玻璃杯的边缘涂上盐和砂糖做出雪花边饰，也可用水果进行装饰等，不仅可以提升味道，看起来也会更华丽。

鸡尾酒的杯子 ⇒ p.39

　　鸡尾酒杯有高脚玻璃杯，也有平底玻璃杯。可以根据鸡尾酒款的特点进行选择。

33 款经典鸡尾酒

　　在琳琅满目的鸡尾酒中，我们选择 33 款经典鸡尾酒，下面就为大家介绍。如果到了一家酒吧却不知该选择哪款鸡尾酒，那么可以试着点这些鸡尾酒。

吉姆雷特（左）
因小说《漫长的离别》中的著名台词一举成名。
金酒基酒 ⇒ p.67

金汤力
干金酒和汤力水组成的爽口型鸡尾酒。
金酒基酒 ⇒ p.66

马提尼（右）
鸡尾酒爱好者的心头好。鸡尾酒之王。
金酒基酒 ⇒ p.67

汤姆柯林
味道清爽，诞生于伦敦。非常有人气的酒款。
金酒基酒 ⇒ p.80

莫斯科骡子
给喉咙带来舒适清爽感觉的鸡尾酒。
伏特加基酒 ⇒ p.86

螺丝起子
喝起来像果汁，但是酒精度数很高的鸡尾酒。
伏特加基酒 ⇒ p.94

咸狗（左）

咸咸的味道，看起来十分清爽，雪花边饰的经典款式。

伏特加基酒 ⇒ p.87

莫吉托

薄荷的清凉感让人身心放松。

朗姆酒基酒 ⇒ p.107

巴拉莱卡（右）

柑橘系的材料组合而成的薄荷清凉感的鸡尾酒。

伏特加基酒 ⇒ p.87

自由古巴（左）

朗姆酒和可乐打造出的清爽味道，很易饮的一款鸡尾酒。

朗姆酒基酒 ⇒ p.106

玛格丽特

咸味和酸味的搭配，打动人心。

龙舌兰基酒 ⇒ p.123

得其利（右）

青柠的酸味能衬托出朗姆酒的味道。

朗姆酒基酒 ⇒ p.106

龙舌兰日出（左）

让人心驰神往的芳醇鸡尾酒。

龙舌兰基酒 ⇒ p.122

曼哈顿

全世界都爱的鸡尾酒女王。

威士忌基酒 ⇒ p.133

龙舌兰反舌鸟（右）

薄荷和酸橙的清凉感让人心情爽朗。

龙舌兰基酒 ⇒ p.122

锈钉（左）

使用了有着悠久历史的杜林标酒，属于甜味儿鸡尾酒。

威士忌基酒 ⇒ p.132

古典（右）

在调节甜味儿与苦味儿的同时，享受自己喜欢的味道。

威士忌基酒 ⇒ p.132

威士忌苏打（高球）

这是在日本很受欢迎的威士忌配苏打的简简单单的一款酒。

威士忌基酒 ⇒ p.135

亚历山大（左）

醇厚如巧克力蛋糕的味道。

白兰地基酒 ⇒ p.144

史汀格（右）

白兰地的浓郁和薄荷的清爽给人留下了深刻的印象。

白兰地基酒 ⇒ p.144

边车

水果的味道使白兰地更容易入口。

白兰地基酒 ⇒ p.145

卓别林（左）

酸酸甜甜的，很容易喝，制作起来也很轻松。

利口酒基酒 ⇒ p.157

毛脐

水蜜桃和橙子绵密的甜味很有魅力。

利口酒基酒 ⇒ p.156

科罗娜（右）

咖啡和香草的丰富香气令人心情愉悦的一款酒。

利口酒基酒 ⇒ p.157

金巴利苏打
金巴利特有的苦涩和
甘甜令人回味。
利口酒基酒 ⇒ p.168

含羞草（左）
高雅的香槟和清爽的橙
汁搭配出令人回味的一
款酒。
葡萄酒基酒 ⇒ p.181

葡萄酒酷乐（右）
红色也好白色也好，都
可以制作鸡尾酒，自由
度很高。
葡萄酒基酒 ⇒ p.181

红眼睛（左）
啤酒的苦涩让番茄汁
的味道更加清爽。
啤酒基酒 ⇒ p.187

香蒂格夫（右）
在发源地英国受欢迎
的鸡尾酒。辣味和苦
味很清爽。
啤酒基酒 ⇒ p.187

清酒提尼（左）
用清酒和金酒制作的和
风马提尼。
清酒&烧酒基酒 ⇒ p.191

最后的武士（右）
使用了大麦烧酒，具有
武士气质的一款鸡尾酒。
清酒&烧酒基酒 ⇒ p.191

柠檬汽水（左）
清爽的柠檬风味在全
世界都很受欢迎。
无酒精酒款 ⇒ p.196

辛德瑞拉（右）
融合了 3 种柑橘类果
汁的果香型酒。
无酒精酒款 ⇒ p.196

鸡尾酒行家推荐

即便是鸡尾酒行家也想了解如何选择适合对方的鸡尾酒。当然也可以寻求调酒师的推荐。

推荐给女性庆祝生日等节日

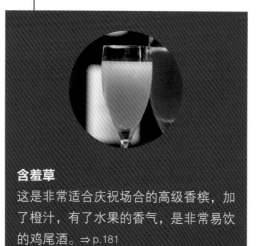

含羞草
这是非常适合庆祝场合的高级香槟，加了橙汁，有了水果的香气，是非常易饮的鸡尾酒。⇒ p.181

亚历山大姐妹
这是一款以金酒为基酒的鸡尾酒，薄荷的清爽香味和香甜的奶油味很受女性欢迎。⇒ p.70

大都会
以伏特加为基酒的酸甜鸡尾酒在时尚女性中很有人气。都市的华丽感也是其魅力所在。⇒ p.92

辛德瑞拉
正如其名，这是一杯带着公主气息的水果味鸡尾酒。不喜欢喝酒的女性也可以接受。⇒ p.196

我想推荐给睿智的成年男性

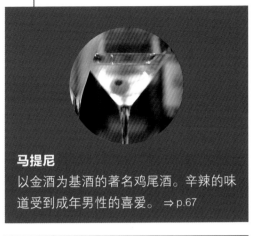

马提尼
以金酒为基酒的著名鸡尾酒。辛辣的味道受到成年男性的喜爱。 ⇒ p.67

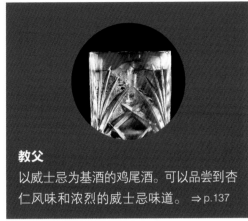

教父
以威士忌为基酒的鸡尾酒。可以品尝到杏仁风味和浓烈的威士忌味道。 ⇒ p.137

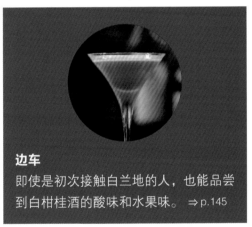

边车
即使是初次接触白兰地的人，也能品尝到白柑桂酒的酸味和水果味。 ⇒ p.145

XYZ
以朗姆酒为基酒的清爽味鸡尾酒。这是一杯充满自信的"没有比这更美味的鸡尾酒"。 ⇒ p.108

—— 想在两个人的纪念日喝的鸡尾酒 ——

香槟鸡尾酒
寓意是"为你的眼睛干杯"。外观和味道都很浪漫。
⇒ p.184

皇家基尔
以香槟为基酒的优雅型鸡尾酒。适合在特别的日子喝一杯。 ⇒ p.183

橙花
源于橙花的花语，作为婚宴的餐前酒饮用。 ⇒ p.71

享受酒吧的方法

　　总觉得酒吧的格调很高，平民百姓很难走进，实际上酒吧是一个能让你放松享受酒的地方。

调酒师

　　调酒师担当着制作鸡尾酒、接待客人等所有工作，是将酒吧和顾客组合起来的词语。

NBA 认证

调酒师资格认证书

　　这是一个证明调酒师真正技术的资格证。要有一年以上的工作经验。一般来说，年满 20 岁可以报名考试。

吧台

　　在调酒师与顾客之间有一个细长的桌子，可以用来摆放鸡尾酒等饮品和小吃。结账也可以在吧台进行。

酒吧代表着享受酒的场所

很多人都认为真正的酒吧会很在意服装和礼仪等细节，有很多需要注意的礼数。但其实酒吧就是一个喝酒的场所。只要遵守最基本的礼仪和注意在公共场所的举止，就可以开始享受你的酒吧之旅了。

鸡尾酒的制作看起来非常简单，但是其实一杯鸡尾酒的制作凝聚了调酒师的专业技术与匠心。一方面，由于鸡尾酒非常重视味道的平衡、颜色与香气，所以在制作时一定要遵守正确的步骤。另一方面调酒师也会和饮酒的人进行沟通，找出他们的喜好和偏爱，即使是同一款酒也能调配出适合饮酒人口味的酒。

调酒师既是酒的专家，也是接待客人的专家。为了让来店的客人能尽情地享用酒品，调酒师会对顾客格外关注。如果想喝一杯属于你的鸡尾酒，那么就赶快去打开酒吧的门吧。

 了解酒吧 1

酒吧的类型

根据店铺的不同，酒吧的氛围也大不相同。大致分为传统酒吧与休闲酒吧。

传统酒吧

主要由技术高超的调酒师来提供酒品。具有庄重感，且安静和缓的气氛为此类酒吧的主要特征。

休闲酒吧

酒吧的氛围相对比较轻松。大家都在欢乐地聊着天，酒吧也会提供观赏体育节目等各种各样的活动。

基本的礼仪

第一次去酒吧的时候，应该会很在意服装和店内的规矩。不论是什么样的酒吧，都会有自己最基本的规定。如果可以的话，最好是先查询店里的信息。

服装

穿着随意一些的服装都没有什么问题，但是尽量避免穿着会破坏酒吧气氛的服装。有的店会指定穿着夹克衫。

人数

传统的酒吧没有办法接待很多人。四个人比较妥当。不要霸占了吧台。

干杯!

要注意控制玻璃杯碰撞的声音。干杯的话将杯子举起就好。说干杯的声音也要稍微控制一下。

在店时间

虽然没有时间上的要求，过长的时间也会让你觉得筋疲力尽。待的时间长了，注意不要饮酒过量。

花费

根据店的不同，消费标准不同，大多数鸡尾酒的价格大概在 60 元。有些酒吧还有服务费等费用。

进店

进入店铺之后，等待服务员引路就可以了。由于熟客的座位都是固定的，所以不要随便坐下，避免发生冲突。

说话的音量

没有必要为了注意周围的环境而非常小声地说话，但是大声说话也是不好的。只要对方和在眼前的调酒师可以听到就可以了。

结账

一般由调酒师来结账。有的店是在座位上结账，有的店是在收款处结账。大部分的店都可以使用信用卡。

如何在酒吧度过时光？

Q & A

掌握了酒吧的礼仪之后，让我们来看一看轻松享受酒吧时光的小窍门儿吧！

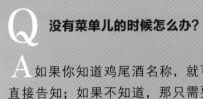

Q 没有菜单儿的时候怎么办？

A 如果你知道鸡尾酒名称，就可以直接告知；如果不知道，那只需要告知喜欢的味道和不喜欢的味道。直接让调酒师确定酒款也可以。

Q 什么时候点单？

A 调酒师看见顾客的酒差不多要喝完了，就会过来询问。如果没人过来询问，待饮用完毕后呼叫调酒师即可。

Q 按照什么顺序饮用比较好？

A 可以从酒精度数比较低或者口味比较清爽的酒款开始。味道比较浓烈的鸡尾酒可以放在第二杯以后饮用。

Q 第一杯推荐喝什么？

A 推荐金汤力和莫斯科骡子等简单的酒款。这两款酒可以让你了解调酒师的技术。

Q 可以和调酒师交谈吗？

A 和调酒师交谈或者是聊天这都是可以的。但是人比较多的时候不要霸占了调酒师，要多考虑周围的人。

Q 有什么事是不可以的呢？

A 严禁大声喧哗。当然也不是说绝对不可以，但是偶尔也可以享受一下关掉手机的感觉。打电话时最好到店外进行。

Q 不喝酒可以吗？

A 虽然酒吧是用来喝酒的地方，当然您点一些软饮料也是可以的。尤其是已经感觉有点儿醉了的时候，点一些水或无酒精酒款是比较好的。

电视剧中出现的超人气鸡尾酒

Cosmopolitan
大都会

材料
- 伏特加   35mL
- 白柑桂酒   15mL
- 蔓越莓汁   15mL
- 青柠汁   15mL

制作方法   把所有的材料和冰倒入调酒器中摇和，然后倒入鸡尾酒杯。

美国电视剧《欲望都市》中主人公点的鸡尾酒。红色的蔓越莓酝酿出水果的酸甜，非常适合女性。

27度 ❶   中口 ❷   摇和法 ❸
全日酒 ❹   鸡尾酒杯 ❺

- 鸡尾酒名称
- 材料
- 制作方法
- 鸡尾酒的由来和味道特征等
- 标签

标签的意思

❶酒精度数
这是酒通常的酒精含量。根据实际使用的酒和材料、冰块等的量有所不同

❷味道
分成辣口、中辣口、中口、中甜口、甜口 5 个程度。实际感觉会有个体差异。

❸技法
制作鸡尾酒的方法。有兑和法、搅和法、调和法、摇和法 4 种。详细见 p.34～p.37

❹TPO（时间、地点、场合）
推荐饮用鸡尾酒的时间、地点以及场合。

❺酒杯的种类
能让鸡尾酒更好喝的杯子。

材料的阅读方法

- 容量用 mL 进行计量，由于杯子的容量不同，材料中标出的量是根据照片中的杯子确定的。

※ 使用鸡尾酒杯时，按照 90mL 的杯子放入 80mL 的酒进行计算。

※ 用分数进行表示时，是指对一杯的容量进行换算的。

- 鸡尾酒的基酒，会在材料的最前面表示。

- 有时也会舍弃掉装饰用的副材料。

关于计量单位
1tsp.=1 杯酒吧汤匙 = 约 5mL
1dash=1 滴苦味酒 = 约 1mL
1 杯=1 杯玻璃杯

鸡尾酒的基础知识

鸡尾酒到底是什么饮品呢?
这章我们会介绍鸡尾酒的构成、材料和制作方法等
所有跟鸡尾酒相关的基础知识。

鸡尾酒的定义和分类

鸡尾酒有很多不同的种类，那么它们都是什么样的鸡尾酒呢？

■ 鸡尾酒的定义

鸡尾酒是指将多种酒、果汁以及糖浆等混合起来的酒精饮料。广义上来说，没有酒精的几种材料混合成的饮料也可以称为鸡尾酒。也可以根据喝掉的时间、温度、TPO 进行选择，任谁都可以找到喜欢和适合自己的饮料。

 鸡尾酒的分类 1

全部喝光所需的时间

根据全部喝光所需要的时间，鸡尾酒可以分成两个种类。短时间就可以喝光的，可以称为短饮。要花费一些时间进行饮用的叫作长饮。

短 饮

时间越长味道就会慢慢地散掉，所以要在短时间内喝光。酒精度数一般比较高，通常会盛放在鸡尾酒杯等高脚的杯子里。

长 饮

慢慢地用一些时间进行品味的一种鸡尾酒。通常会选择较大的杯子进行盛放。根据温度（⇒ p.23）的不同分为冰镇鸡尾酒和温鸡尾酒。

温度

　　长饮款的鸡尾酒分成加入冰块儿后直接饮用的冰镇鸡尾酒和在材料中加入热水或者热牛奶在温热状态下进行饮用的温鸡尾酒。

冰镇鸡尾酒

　　在平底玻璃杯等大型的酒杯中装入冰块儿，来保持冰镇的状态。维持在 6～12℃比较合适。也被称作夏日饮料，适合炎热的夏天饮用。

温热

温鸡尾酒

　　在耐热的杯子中加入热水或者热牛奶等制成的温热的饮料。维持在 62～67℃比较合适。

TPO

　　酒可以根据时间、地点、场合等进行分类。在欧美国家会进行更详细的分类，但是在日本一般分为餐前和餐后还有全日酒这 3 个种类。

餐　前

　　一般在餐前饮用，用来滋润喉咙增进食欲。一般辣口酒款较多。

●主要的鸡尾酒款

马提尼 ⇒ p.67
曼哈顿 ⇒ p.133

餐　后

　　餐后饮用，可以遮盖口腔的味道，也能促进消化。以甜口味道浓厚的酒款为主。

●主要的鸡尾酒款

绿色蚱蜢 ⇒ p.169
锈钉 ⇒ p.132

全日酒

　　跟餐前、餐后没有关系，什么时间都可以饮用的酒款。

●主要的鸡尾酒款

吉姆莱特 ⇒ p.67
玛格丽特 ⇒ p.123

风格

在长饮时，可以根据风格进行分类。风格由制作方法和材料决定，由于鸡尾酒名称中大多带有材料名称，所以可以根据鸡尾酒的名称来联想。

蛋奶酒

由酒、鸡蛋、牛奶、砂糖混合而成。有温的和冰镇的，也有不含酒精的款式。

白兰地蛋诺 ⇒ p.119

酷乐

在酒中加入柠檬和青柠、糖浆，最后倒满苏打水和姜汁。有着独特的清爽味道。

杏仁酷乐 ⇒ p.160

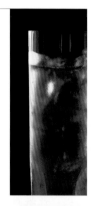

柯林

将烈酒作为基酒，加入柑橘类果汁和砂糖，最后加满苏打水。使用柯林杯。

约翰柯林 ⇒ p.138

酸味鸡尾酒

将烈酒作为基酒，加入柑橘类果汁和砂糖。原则上来说是不会用碳酸饮料的。

威士忌酸 ⇒ p.134

茱莉普

用调酒棒将薄荷叶捣碎并放入砂糖溶化，放满碎冰块后再倒满酒。

薄荷茱莉普 ⇒ p.141

司令

在烈酒中加入柠檬汁和糖浆，最后加满水或者碳酸类的软饮料。

新加坡司令 ⇒ p.76

戴兹

在装满碎冰的大型玻璃杯中，加入烈酒、柑橘系果汁、糖浆或利口酒。

金戴兹 ⇒ p.77

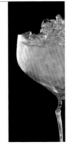

托地

在砂糖融化的地方注入烈酒，用凉水或开水填满。有时也添加柠檬。

热威士忌托地 ⇒ p.140

海皮

以所有酒为基础，用各种软饮料混合。在日本以威士忌为基酒的酒款很出名。

威士忌苏打（高球）⇒ p.135

菲士

在烈酒或利口酒中加入柑橘类果汁和砂糖摇匀，最后加入苏打水。

金菲士 ⇒ p.78

佛莱培

在装满碎冰的大型玻璃杯中，加入烈酒、柑橘系果汁、糖浆或利口酒。

薄荷佛莱培 ⇒ p.172

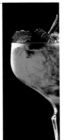

冰冻风格

把搅拌机打碎的冰和材料混合在一起做成糖浆状。

冰冻得其利 ⇒ p.114

悬浮式鸡尾酒

利用酒的比重大的特点，在酒、水等上面漂浮其他酒和鲜奶油。

悬浮威士忌 ⇒ p.119

雾鸡尾酒

把酒倒入装有碎冰的玻璃杯中，用力搅拌。主要使用威士忌和白兰地。

威士忌之雾 ⇒ p.135

瑞基

将青檬或柠檬挤入苏打水中，加满苏打水。用调酒棒将果肉弄碎饮用。

金瑞基 ⇒ p.78

酒

制作鸡尾酒，酒是最基础的材料。这里介绍酒的基础知识。

■ 酒是制作鸡尾酒的必需材料

酒根据制作方法和材料的不同而有不同的个性。因此，要了解酒本身的味道，并找到相配的副材料和搭配的鸡尾酒。根据日本的酒税法，将酒精成分 1 度以上的饮品定义为酒。

■ 根据制作方法的分类

酒根据制作方法分为 3 类：发酵原料制作的酿造酒、蒸馏制作的蒸馏酒、酒中掺入香味和味道的混合酒。它们也会按原材料进行细分，味道和风味也会随之改变。

酿造酒	淀粉	谷类	啤酒（大麦、谷类）、清酒（大米）等
将原料糖化或淀粉质糖化后发酵而成的酒		其他	布尔盖酒等
	糖类	蜂蜜	蜂蜜酒
		果实	葡萄酒（葡萄）、苹果酒（苹果）等
蒸馏酒	淀粉	其他	龙舌兰酒、梅斯卡尔酒（龙舌兰）
是指蒸馏酿造的酒，也被称为"烈酒"		谷物	威士忌（大麦、其他谷物）、伏特加、金酒、阿夸维特酒、杜松子酒（谷物、薯类）、乙类烧酒（大米、大麦、荞麦等谷物、地瓜）等。
	糖类	蜂蜜	朗姆酒、甲类烧酒（甘蔗）等
		果实	白兰地（葡萄）、苹果白兰地（苹果）、樱桃白兰地（樱桃）、梨酒（西洋梨）、黄李蒸馏酒（梅子）、中东亚力酒（椰子）等
混合酒	特殊系		酸奶利口酒、鸡蛋等
在酿造酒和蒸馏酒中加入植物果实、香料、甜味剂等辅助原料制成的酒	坚果、种子、果核系		可可豆、咖啡利口酒、苦杏仁酒等
	香草、香料系		茴香酒、荨麻酒、味美思等
	水果系		黑刺李金酒、柑桂酒、樱桃白兰地等

■ 鸡尾酒的基酒

金酒

将大麦、黑麦、玉米等谷物进行发酵、蒸馏的原酒中，浸泡杜松子等后再度蒸馏的酒。和柑橘系很适合。

伏特加

自古以来在俄罗斯饮用的蒸馏酒。大麦、黑麦、马铃薯等是主要原料，但也因国家而异。无色透明，无怪味。可以增加香气和风味。

朗姆酒

西印度群岛原产蒸馏酒，以甘蔗为原料，发酵、蒸馏其糖分。生产地不同，制法也不同。适合和可乐等碳酸饮料搭配。

龙舌兰

以龙舌兰为原料的蒸馏酒。在墨西哥，也只在特定地区生产。与水果系的材料相配。

威士忌

大麦、黑麦等原料，发酵、蒸馏的蒸馏酒。被分类为摩尔特、格林、布伦德等。讲究酒的原味。

白兰地

将白葡萄制成的白葡萄酒蒸馏后，放在木桶中熟成后的酒。也有用葡萄以外的水果蒸馏做成的水果白兰地。与甜且风味浓厚的材料很契合。

利口酒

通过将果实、香草、坚果、奶油等副材料加入蒸馏酒中，而将其风味和颜色转移至酒中的混合酒。主要原料不同，个性也各不相同。不仅是为了赋予鸡尾酒风味，有时作为基酒也很受欢迎。也可以用来做点心。

葡萄酒

主要是葡萄发酵酿造的酿造酒，历史悠久。有红、白、罗塞、起泡等品类。以精致之美备受瞩目。

啤酒

以大麦的麦芽、水、啤酒花为原料酿造的酿造酒。根据酵母的种类，可分为上发酵和下发酵。在鸡尾酒中是为了活用风味使用。

日本酒

以米、水为原料酿造的酒。分为普通酒和特定名称酒，特定名称酒根据原料和酿造方法，分为纯米酿造等8种。为了增加香气而使用。

烧酒

用谷物以及根茎类植物或者黑糖等多种多样的原料制成的蒸馏酒。冲绳的泡盛也被归类为烧酒。多使用没什么怪味的麦子和米制成。

副材料

将碳酸饮料、水果等作为副材料，作为酒的"配料""风味剂"和"装饰"使用。是关系到鸡尾酒配制的重要材料。

水、碳酸水

配料

主要用作稀释基础酒的材料。有矿泉水，轻微苦味的汤力水、苏打水等。姜汁汽水推荐有味道的干型。

风味剂

装饰

水果、蔬菜

主要使用柠檬、葡萄柚、橘子等柑橘类水果。蔬菜一般使用番茄（果汁）作为酒的配料，或者使用芹菜和黄瓜代替调酒棒。

果汁

配料

主要使用柠檬、橙子、葡萄柚等柑橘系的果汁。也有使用 100% 果汁的市售品，但是使用生榨的果汁可以带来更加浓厚的风味。

配料　风味剂

鸡蛋、乳制品

推荐用一个大小为 50mL 左右的小尺寸鸡蛋。乳制品多使用牛奶、鲜奶油、黄油等。尽量使用新鲜的产品。

必备副材料

冰块

鸡尾酒的温度是决定味道的决定性因素，所以制作冰镇鸡尾酒时，冰是不可或缺的。推荐少气泡的硬冰块，最好是市场上卖的。

大块冰

将大型的冰块用冰镐削成拳头大小。先放冰块，后放酒时常用。

裂冰

将大块的冰切割成直径 3~4cm 的裂冰。一般用在摇和法和调和法中，使用频率很高。

碎冰

将裂冰继续弄碎而形成的小颗粒称为碎冰。多用于冰冻风格和茱莉普等类型的酒款中。

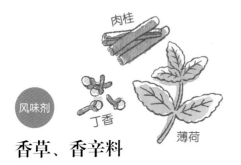

风味剂

香草、香辛料

主要作为附加材料使用，如增加风味和装饰等。香气浓郁的薄荷叶具有清凉感，枣能抑制奶油等味道。除此之外，还有丁香、肉桂等。

风味剂

装饰

糖浆、盐、砂糖

盐和砂糖是雪花边饰（p.38）中经常使用的。混合的砂糖、口香糖和糖浆用起来很方便。糖浆大多是水果类的，经常使用的是用石榴熬制的红石榴糖浆。

马拉斯奇诺樱桃、橄榄、珍珠圆葱

风味剂　装饰

主要作为装饰使用。用糖浆腌制的樱桃（红色的是马拉斯奇诺樱桃，绿色的是薄荷樱桃）、用盐腌制的橄榄、珍珠圆葱等。

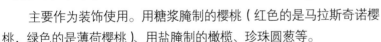

工具

要调制美味的鸡尾酒，最重要的是备齐最基本的工具，并能够正确使用。在这里介绍制作鸡尾酒时所需的工具。

■ 需要备齐的工具

这里介绍制作鸡尾酒时最常用的基础工具。在家做的时候，首先把这些工具备齐就好了。

壶盖

滤盖

壶身

为了调制鸡尾酒而使用。配合摇和法冷却调制。

各部分名称

● 壶盖
摇和法的时候要盖上。

● 滤盖
只让液体通过。

● 壶身
放入材料和冰的主体部分。

30mL

45mL

量酒杯

30mL 和 45mL 为一对。能够迅速计量酒、果汁等的量。

计量
1tsp. = 约 5mL

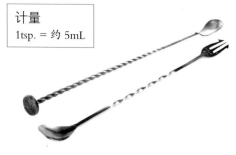

调酒长匙

用于精细计量和混合材料的汤匙。另一头则是用来取出材料的叉子，或者是用来捣碎材料的调酒棒。

滤酒器

与调酒器的滤盖一样，它起到让液体通过的作用。也可以盖在混酒杯上。

混酒杯

用于混合材料的大型玻璃杯。放入比较容易混合的材料时使用。为了便于搅拌，杯底呈圆形。

■ 其他的工具

除了基本的工具外，来介绍一下专业人士使用的工具。如果是在家做，可以先从必要的东西开始购入，再一点点增添其他工具。

榨汁器

这是从柠檬、橙子、青柠等柑橘类水果中挤出果汁的工具。

电动搅拌器

制作冰冻风格的鸡尾酒的工具。可以用搅拌机代替。

苦味瓶

存放苦酒的专用容器。将瓶底倒过来自然滴落一滴的量为 1mL。

计量　1dash = 一滴苦味酒约 1mL

冰夹

抓冰的工具。为了防滑，前端做成锯齿状。

冰桶

盛装碎冰的工具。桶底有防水的部分。

开瓶器

用于打开瓶盖的拔瓶塞和密封打开瓶盖的工具。

碎冰器

破冰工具有一定的重量的话会比较好用。

调酒棒

可以搅拌鸡尾酒，也可以压碎杯内的砂糖和水果。

酒签

扎在装饰用的水果等上，方便拿取的针。

侍者刀

小型刀，上面带有开瓶器。

毛巾

擦玻璃杯用的布。使用的是不易在玻璃杯上留下纤维的麻材料制成的。

吸管

在使用裂冰的酒款中使用。一杯一般放两根。

鸡尾酒公式

鸡尾酒的材料搭配也很重要。这里介绍鸡尾酒的基本结构和组合的变化。

■ 鸡尾酒的构成

鸡尾酒的构成被分为以下 4 个部分。2 个以上的部分组合起来就成了鸡尾酒。

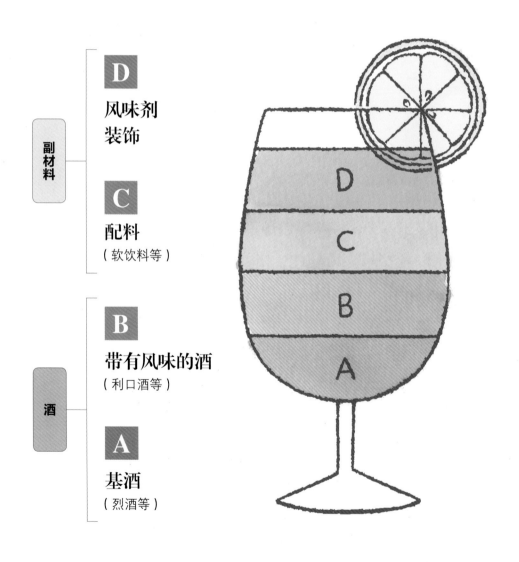

副材料

D 风味剂 装饰

C 配料 （软饮料等）

酒

B 带有风味的酒 （利口酒等）

A 基酒 （烈酒等）

酒	副材料

A 基酒
（烈酒等）

以烈酒为主，利口酒和葡萄酒等所有酒都可以作为基酒。也经常会用到金酒和伏特加。

C 配料
（软饮料等）

常用苏打水、汤力水、果汁等饮料。除了增强味道之外，还能降低酒中的酒精含量。

B 带有风味的酒
（利口酒等）

为了衬托基酒的味道而使用的酒。主要使用的是色香味丰富的利口酒。

D 风味剂装饰

水果和果汁等，是制作鸡尾酒时最后加入的材料。装饰一下可以使外观更华丽。

（ **基本模型** ）

A ＋ C

酒和副材料的最简单的搭配方式。可以降低酒精的度数。

（ **衍生款** ）

A ＋ B

基酒：利口酒调配比例为 2：1，以不影响基酒风味为原则。酒精度数高。

A ＋ D

这个公式最大限度地激发了基酒的味道。像马提尼、吉姆莱特等，辣口的酒款比较多。

B ＋ C

搭配利口酒和软饮料的公式。爱吃甜食，不太会喝酒的人也可以试试。

A ＋ B ＋ C

推荐比例为"A：B：C ＝ 2：1：1"。根据情况加上副材料，组合所有的材料。

制作方法

鸡尾酒的味道与调酒师的技法熟练程度是有关系的。在这里，了解制作方法的基本动作，比如技法和装饰方法。

■ 基本制作方法

鸡尾酒主要通过4种技法和装饰方法组合制作而成。虽然专业的技术很难，但只要掌握基本知识，就能在家里调制鸡尾酒。先来掌握制作要点吧。

(**制作方法**)

兑和法	搅和法	调和法	摇和法
直接在玻璃杯中搅拌。	用于制作冰冻风格。	快速搅拌，激发材料的风味。	充分搅拌，使之顺滑。
⇒ p.35	⇒ p.35	⇒ p.36	⇒ p.37

(**装饰**)

雪花边饰（rimming）	果皮增香	水果装饰
在玻璃杯的边缘滚上盐或砂糖。	增加柠檬或者青柠的香味。	装饰上水果切片。
⇒ p.38	⇒ p.38	⇒ p.38

兑和法

兑和法是将材料直接倒入玻璃杯中，在玻璃杯中搅拌。注意不要过度搅拌，以免二氧化碳消失。因为不需要调酒器和混酒杯等专用工具，所以即使是第一次也可以轻松操作。

使用的工具

- 量酒杯
- 调酒长匙

要点

- 最后倒碳酸饮料。
- 碳酸饮料的搅动控制在 1~2 次。
- 容易下沉的材料可以用冰块垫起来。

1 将材料放入玻璃杯中

在冰镇过的玻璃杯里放入冰块，依次倒入材料。材料说明中分量表示为"适量"时，以玻璃杯的八分满为标准。

2 将材料混合

用调酒长匙把材料搅拌均匀。碳酸饮料要轻轻搅拌 1~2 次，以免二氧化碳消失。

制作悬浮式鸡尾酒时

悬浮是使液体浮在另一种液体上的兑和法的技巧。为了不让材料混合在一起，要使用调酒长匙使液体缓慢地流入杯中。

搅和法

搅和法是使用电动搅拌器（或搅拌器），将碎冰和材料搅拌，制作出冰沙状的冰冻型鸡尾酒。冰的量和搅拌时间也会使味道发生变化。

使用的工具

- 电动搅拌器
- 调酒长匙

要点

- 碎冰的量和搅拌数，根据自己的喜好和情况而定。
- 冰少了会比较柔软，冰多了就会比较硬。
- 使用水果的时候，按照水果→冰→材料的顺序加入，颜色会更好。

1 放入材料和冰

将材料和碎冰放入电动搅拌机中，盖上盖。

2 进行搅拌

打开电源进行搅拌，直到冰块破碎的声音消失的时候停止。

3 盛在玻璃杯里

搅拌到自己觉得可以了就行，然后用勺子盛在玻璃杯里。

调和法

调和法的意思是"搅拌"，用混酒杯将材料混合后倒进玻璃杯。用于混合比较容易混合的材料。由于是制造细腻风味的技术，所以要将冰块和材料快速混合。

使用的工具 ▶

- 滤酒器
- 混酒杯
- 调酒长匙
- 量酒杯

要点 ▶

- 为了不让风味跑掉，要尽快安静地搅拌。
- 搅拌的次数，以 15~16 次为目标。

1 在混酒杯中加入冰

在混酒杯中放入 4~5 个冰块。大约为玻璃杯的六分满。

2 为冰面整形

往玻璃杯里倒水，用勺子调和。这时，给冰消除棱角（使角变圆）。

3 盛在玻璃杯里

搅拌 15~16 次后，用食指压住过滤器。用其余手指举起来倒在玻璃杯里。

4 倒入材料

将滤酒器取下，倒入所有的材料。

5 将材料混合

用非利手的指尖支撑混酒杯底，同时利用冰的旋转力，用调酒长匙轻轻搅拌。

6 盛在玻璃杯里

搅拌 15~16 次后，用食指按压过滤器。用另一根手指支撑着混酒杯，举起来倒进杯子。

摇和法

在鸡尾酒的制作方法中最让人印象深刻的就是摇和法，具有"混合""冷却""使味道变得柔和"的效果。因为只能用一种摇动方式来改变成品的味道，所以需要考验制造者的手艺。

使用的工具 ▶

- 调酒器
- 量酒杯

要点 ▶

- 为了不让冰块受热融化，所以用指尖拿调酒器。
- 对于鸡蛋和奶油等难混合的材料需要增加摇和次数。

1 放入材料和冰

将量好的材料倒入调酒器壶身中，放入八至九分的冰块，盖上滤盖和壶盖。

2 拿起调酒器

用灵活的拇指按住壶盖，无名指和小指之间夹住壶身。用另一只手的中指和无名指支撑壶体底部，其余的手指自然地触碰。

3 摆好姿势，斜着往上摇

从胸部的位置斜向上方摇动调酒器。

4 回到胸的位置

从3的位置开始，将调酒器拉回胸前。

5 斜向下摇动

从4的位置斜向下送出，再回到胸前。以3~5的动作组成一组。有节奏地重复此动作4~5组。

6 盛在玻璃杯里

只取下壶盖，用右手拇指和食指按住滤盖，将酒倒进玻璃杯。

装饰

雪花边饰（rimming）

雪花边饰（rimming）是将玻璃杯杯口沾上盐和砂糖的装饰方法。注意不要沾太多。

1 弄湿玻璃杯的杯口

为了让材料更容易附着在杯口，使用柠檬汁等果汁，弄湿玻璃杯杯口。

2 滚盐边（砂糖）

在扁平的盘子里放上盐（或砂糖），将玻璃杯反转过来，杯口贴在盘子上，来回转动。

3 弄掉多余的量

轻轻敲玻璃杯的杯脚，将多余的盐（或砂糖）弄掉。

果皮增香

使用柠檬和青柠等柑橘类水果的果皮（2cm左右）增香，叫果皮增香。在玻璃杯上挤一下，使果皮的香味散发出来，可以达到增香的效果。

1 剥皮并整理外形

用小刀具将柠檬的皮薄薄取下，调整为 2cm×1cm 左右大小。

2 挤一下

将果皮对着玻璃杯，用拇指和中指夹住，用食指顶住反面挤一下。

拧榨时

把皮切得长些，捏紧两端再拧榨。

水果装饰

水果装饰是让鸡尾酒看起来华丽的道具。切法和装饰方法没有规定。

用柠檬片来装饰

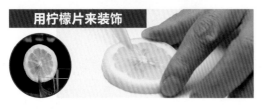

切成圆片，插在杯口

切成厚度 5~7mm 的圆片。从中央开始切开一半，插在玻璃杯的边缘上。

用青柠块来装饰

切成 8 等分插在杯口

把果实竖着分成 8 等分，去掉两端的果柄、白皮和种子。在果肉和皮之间划一刀，插在玻璃杯的边缘上。

鸡尾酒的杯子

　　鸡尾酒只有倒在合适的玻璃杯里，才能最大限度地品尝到它的美味。正确选择玻璃杯也是重要的要素。

　　※ 玻璃杯的容量一般根据实际玻璃杯的不同而不同。

(高脚玻璃杯)

1 雪利杯
　　原本是用来喝雪利酒的专用酒杯，后来也使用于威士忌等的饮用中。容量为 60～75mL。

2 利口酒杯
　　直接喝利口酒用的玻璃杯。容量为 30～45mL。

3 利口酒杯（果汁、咖啡）
　　与 2 同样的玻璃杯，这是为了盛放果汁、咖啡或打造风格（利用比重不同，叠加几层利口酒）用到的玻璃杯。

4 酸味鸡尾酒杯
　　制作酸味鸡尾酒（p.24）时使用的中型玻璃杯。容量在 120mL 左右。

5 鸡尾酒杯

为鸡尾酒制作的玻璃杯。容量为90mL左右。一般盛放60～80mL的材料。也有120～150mL的大型鸡尾酒杯。

6 高脚杯

用于盛放加冰的长饮酒款和啤酒等的玻璃杯。容量为300mL左右。

7 白兰地杯

郁金香形状的玻璃杯。为了不让香味散失，杯口收小了。容量为240～300mL。

8 香槟杯（碟形）

主要用于干杯的玻璃杯。也可用于冰冻风格、佛莱培等酒款。容量在120mL左右。

9 香槟杯（水果形）

因为气体难以逸出，适合盛装泡沫丰富的香槟鸡尾酒的玻璃杯。容量在120～180mL。

10 葡萄酒杯

葡萄酒专用的玻璃杯，设计出的款式较为丰富。口径65mm，白色为150mL，红色为200mL左右比较理想。

11 啤酒杯（皮尔斯纳）

啤酒（皮尔斯纳）的理想玻璃杯。日本的大型厂家中很多都在生产啤酒杯（皮尔斯纳）。容量为250～330mL。

12 热饮杯

适合热饮，具有耐热性的玻璃杯。有玻璃杯支架。

13 威士忌杯

分为单酒杯（30mL）和双酒杯（60mL）。单酒杯也被称为短杯。

14 古典酒杯

先放冰块，后放酒（on the rock）时常用到这款玻璃杯。也被称为 rock 杯。容量为 180～300mL。

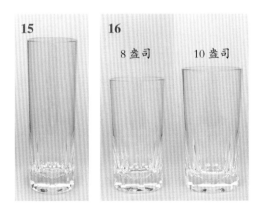

15 柯林杯

口径小，个子高的柯林风格（p.24）用的玻璃杯。容量为 300～360mL。

16 平底玻璃杯

长饮中常用的玻璃杯。容量有 8 盎司（240mL）和 10 盎司（300mL）两种。

玻璃杯的擦拭方法

握持玻璃杯底部

在一只手掌上摊开擦拭布，贴着手掌拿着玻璃杯底。另一只手拿着擦拭布的对角，塞到玻璃杯的内侧。

一边转动一边擦拭

隔着擦拭布拿着玻璃杯的边缘，左右手向反方向扭转，左右交替擦拭玻璃杯。

鸡尾酒的历史

鸡尾酒是如何诞生，又是如何传到日本的呢?
介绍一下鸡尾酒在日本发展的历史。

虽然鸡尾酒的起源并不明确，但是在古罗马，人们把水放入葡萄酒中，而古埃及人会在啤酒里放入蜂蜜来喝。所以用这些来定义鸡尾酒的话，就可以认为它是和酒一起诞生的。

19 世纪后半期开发的制冰机又使制出冷饮成为可能。1920 年由于美国的禁酒法，调酒师移居欧洲，鸡尾酒便传遍了世界。

1860 年，在日本横滨的一家酒吧里，据说首次提供了鸡尾酒。明治初期在上流阶级就有饮用，不过，待到明治末期时在街上的酒吧也能喝到了，随着文明开化鸡尾酒在日本便传播开了。

(**鸡尾酒的由来**)

鸡尾酒是"雄鸡尾巴"的意思，其由来众说纷纭。

1 工具的名字说
用于混合的调酒棒和公鸡的尾巴很像，所以才被称为鸡尾酒（Tail of cock）。

2 独立战争的祝贺说
因为独立派把从反独立派地主家偷来的公鸡烤成烤鸡，然后用其尾巴装饰混合酒。

3 人名说
为墨西哥之王献上混成酒的一位贵族小姐名字叫"Xochitl"。这在美国成了鸡尾酒。

4 Coquetier 的口音说
由在朗姆酒中混入鸡蛋的美国饮料（Coquetier）逐渐演变成鸡尾酒。

Part

2

材料的基础知识

鸡尾酒的基酒种类丰富。
解说各自的产地、历史、特征。
请参考这些内容选择出自己喜欢的鸡尾酒。

了解烈酒

在世界各国，都有具有地域特色的酒。这里以作为鸡尾酒的基酒经常使用的"蒸馏酒（Spirits）"为中心进行介绍。

英国、爱尔兰

苏格兰有苏格兰威士忌，本土有伦敦干金酒，爱尔兰有爱尔兰威士忌。

俄罗斯

伏特加的发源地。除了无味无臭无色的常规型之外，还有加入水果等香味的风味伏特加。

德国

一种叫斯坦因黑格的金酒，还有一种由谷物制成的科恩酒非常有名。在生产葡萄酒的地区，也生产白兰地。

日本

从世界五大威士忌之一的日本威士忌到白兰地等都有生产。还有日本自古以来就有的烈酒、烧酒和泡盛等。

法国

白兰地产量世界第一。除了葡萄酒、白兰地以外，还有发酵葡萄酒残渣制作的"酒糟白兰地""水果白兰地"等种类。在南佛，也生产金酒和朗姆酒等。

可以作为鸡尾酒基酒的酒

酿造酒

将含有糖质、淀粉质的原料通过酵母发酵而制成的酒。由糖质原料制成的叫作单发酵酒，由淀粉质原料制成的叫作复合发酵酒。

· 葡萄酒、啤酒、清酒等

蒸馏酒（烈酒）

通过蒸馏酿造来提高酒精含量的酒。有达到度数 70% 左右的蒸馏液的单式蒸馏，也有 90%～95% 的连续式蒸馏。

· 杜松子酒、伏特加、朗姆酒、龙舌兰酒、威士忌、白兰地等

混合酒（利口酒）

在酿造酒和蒸馏酒中混入香草、香辛料、果实、香料、糖类等，浸泡制作而成。

· 各种利口酒、梅酒、味淋酒等

国际上种类丰富的烈酒

将啤酒、葡萄酒等酿造酒进一步蒸馏制成的酒称为"蒸馏酒"。

蒸馏技术从 16 世纪的中世纪欧洲传到全世界后，各地都生产了烈酒。

著名的烈酒包括威士忌、白兰地，世界四大烈酒的金酒、伏特加、朗姆酒、龙舌兰酒等。另外，烧酒和泡盛也是烈酒的一种。只要是含有糖质、淀粉质的原料，无论何种食物都可以制作出烈酒，因此各国地域色彩丰富的烈酒，展现出了鸡尾酒的魅力所在。

美洲

以波本闻名的美国威士忌，田纳西和黑麦威士忌也很有名。伏特加的产量超过了原产地俄罗斯，成为世界第一。

加拿大

世界闻名的加拿大威士忌，在世界五大威士忌中，味道最为轻柔。

墨西哥

龙舌兰生产国。作为原料的龙舌兰，仅限于蓝色龙舌兰这一品种，这也限制了可以生产的地域。

西印度群岛、中南美

古巴、牙买加生产朗姆酒。在巴西有 Pinga，在哥伦比亚有 Aguardente 等很受欢迎。

什么是世界四大烈酒?

作为鸡尾酒的基酒使用最多的 4 种白烈酒的总称。蒸馏酒范围很大，分为白烈酒、棕色烈酒（威士忌、白兰地等）。

金酒 ⇒p.46	伏特加 ⇒p.48
朗姆酒 ⇒p.50	龙舌兰酒 ⇒p.52

金酒

马提尼、金菲士等鸡尾酒的基酒中不可或缺的都是金酒。使用杜松子制作的诞生于荷兰的药酒，作为世界四大烈酒之一，享誉世界。

杜松果

在英国遍地开花的
香气清爽的烈酒

金酒，是把香味原料加到灰色烈酒中（谷物作为原料的蒸馏酒），再蒸馏后制作而成的酒。

为金酒带来清爽香气的杜松子，具有很好的利尿效果。金酒作为药用酒在荷兰被开发出来。最开始被称为"日内瓦"，因为它的香味怡人，价格又便宜，作为饮料酒很受欢迎。此后，以"金酒"之名在英国也备受喜爱，18世纪前半期在英国传播开来。19世纪，连续式蒸馏机所带来的清爽口感的辣口"伦敦干金酒"登场，一直延续至今。

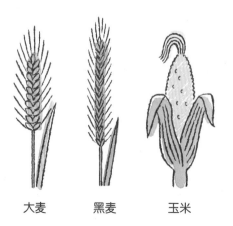

大麦   黑麦   玉米

金酒的历史

1666 年

最早产于荷兰，主要用于药用

1666 年，荷兰的希尔维斯教授发明了金酒，是治疗热带疟疾病的特效药。作为利尿剂在药店销售。由于杜松子的香气和合适的价格，便成为极受欢迎的饮料酒。

1689 年

在英国迎来金酒时代

1689 年，荷兰的威廉三世被英国国王接见，推广荷兰的国民酒日内瓦，也就是英国的"金酒"。19世纪后半期，连续式蒸馏机制造出了"伦敦干金酒"。

1920 年左右

在美国备受瞩目，传播至全世界

英国把"伦敦干金酒"传到禁酒时代的美国，作为鸡尾酒的基酒偷偷饮用。无色无味的"干金酒"迅速普及，成为世界的主流。

金酒

以欧洲为中心生产各种各样风味的金酒

金酒，是把香味原料加到灰色烈酒（谷物作为原料的蒸馏酒）中，再蒸馏后制作而成的酒。

为金酒带来清爽香气的杜松子，具有很好的利尿效果。金酒作为药用酒在荷兰被开发出来。最开始被称为"日内瓦"，因为它的香味怡人，价格又便宜，作为饮料酒很受欢迎。此后，以"金酒"之名在英国也备受喜爱，18世纪前半期在英国传播开来。19世纪，连续式蒸馏机所带来的清爽口感的辣口"伦敦干金酒"登场，一直延续至今。

荷式金酒

荷兰传统的金酒，洋溢着杜松子的香味。用单式蒸馏机按照古代的制造方法制作而成。带有强烈的香味。

伦敦干金酒

用连续式蒸馏机制作烈酒，用2种方法进行赋香。具有清爽轻盈的香味。现在，提到金酒，指的就是这种类型。

老汤姆金酒

干金酒中加入1%~2%的糖分。因为是在猫形自动贩卖机上贩卖的，所以由公猫的爱称"汤姆猫"命名。

普利茅斯金酒

在英国西南部的普利茅斯军港制作的香味强烈的干金酒，有一点甜味，最初是作为吉姆莱特的基酒。

果味金酒

用水果等赋香的金酒。有柑橘金酒、柠檬金酒、姜汁金酒等，在前面加上果实名称来命名。

斯坦因黑格

德国金酒，使用鲜杜松子酿造。将杜松子的灵魂与灰色烈酒混合，再蒸馏。

金酒

波士荷式金酒

荷兰的传统金酒。特征是芳醇的麦芽糖香味和杜松子的香味。

度数 42度　容量 700mL

添加利伦敦干金酒

高雅的口感很受欢迎。令人印象深刻的瓶子据说模仿了18世纪的消火栓。

度数 47.3度　容量 750mL

必富达金酒

用1820年诞生以来的传统制法制作的伦敦干金酒。清爽的柑橘系的味道是其特征。

度数 47度　容量 750mL

哥顿伦敦干金酒

世界上第一个生产金汤力的品牌。在140个国家颇受欢迎的世界金奖金酒。

度数 40度　容量 700mL

蓝宝石金酒

使用从世界各地严格挑选的10种植物提取物，其复杂清新的香味和味道是蓝宝石金酒的魅力所在。

度数 47度　容量 750mL

伏特加

伏特加从 12 世纪就开始被饮用，是众所周知的俄罗斯国民酒。由于其极高的纯度，所以常用作消毒剂，对生活有很大的帮助。

以纯净的酒质受到广泛的欢迎，是纯粹的俄罗斯本地酒

伏特加的原料是玉米、黑麦、土豆等。但是在 11—12 世纪，在东欧伏特加被称为"生命之水"，据说伏特加是由黑麦啤酒和蜂蜜酒蒸馏后制成的。

到了 19 世纪，伏特加品牌"斯米诺"的创立者在伏特加的制造中利用了木炭的活性作用，使得酒质变得清透。19 世纪后半期引进了连续式蒸馏机，味道变得更加清透和中性。到了 20 世纪，鸡尾酒文化从欧洲和美国传到了全世界。

伏特加的历史

11—12 世纪

蒸馏酒是伏特加的祖先

起源不是很确定，但在 12 世纪前后东欧诞生，由啤酒和蜂蜜酒制成。17—18 世纪主要使用黑麦，18 世纪后期开始使用玉米和土豆。

19 世纪

用木炭和蒸馏器

1810 年药剂师安德烈·阿尔巴诺夫发现木炭的活性作用后，在制法中加入了木炭过滤法。通过这一技术和 19 世纪引进的连续式蒸馏机，可以制作出现在的伏特加的原型。

20 世纪

从俄罗斯到世界

1917 年俄罗斯革命后，流亡的俄罗斯人开始在逃亡国制造伏特加。1933 年，美国废除了禁酒法，于是美国也开始盛行伏特加的制造。在 20 世纪 50 年代，由于伏特加的中性酒质被用为鸡尾酒的基酒，受到了极大的欢迎。

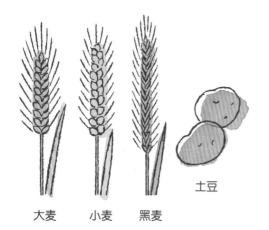

大麦　小麦　黑麦　土豆

基本是无色、无味、无臭的，也有散发香味的品种

伏特加大致分为两种：一种是常规伏特加，另一种是风味伏特加。

常规类型是无色透明无怪味的伏特加，几乎没有香味，所以可以作为鸡尾酒基酒使用。而风味伏特加则是加入水果和香草的香味、糖分等，主要是在俄罗斯和波兰等直接饮用伏特加的地区生产的。

北欧的瑞典等国家也从 16 世纪左右开始生产伏特加。

常规伏特加

味道清亮，不带香味等特征，是理想的鸡尾酒基酒。由于用白桦活性炭过滤，酒质清透。虽然是用各种原料制成的，但酒精纯度很高，味道上没有差异。俄罗斯和美国的产品较多。

风味伏特加

用水果和香草等调味，再加上糖分增加风味。主要生产于俄罗斯、波兰、瑞典、芬兰、丹麦等直接饮用伏特加的地区。

主要的风味伏特加

■ 野牛草（散发野牛草的香味）

■ 斯塔卡（将梨和苹果的叶子浸泡后，加入少量的白兰地）

■ 柠檬伏特加（加入柠檬的香味）

斯米诺

19 世纪，受到俄罗斯皇帝们的赞誉，现在成为销售量世界第一，是正统派的高级品。

度数 40 度　**容量** 750mL

首都伏特加

正如"首都"的名字一样，它是在莫斯科制造的。细腻的芳香和爽口的口感很受欢迎。

度数 40 度　**容量** 750mL

灰雁伏特加

追求最高品质的法国产高级伏特加。纯净有甜味，风味醇厚。

度数 40 度　**容量** 700mL

雪树伏特加

原料是单一的黑麦和硬度为 0 的超软水。特点是有清新的口感和香草一样的香味。

度数 40 度　**容量** 700mL

野牛草伏特加

波兰的世界遗产，伏特加浸泡了波美拉尼亚森林的野牛草。

度数 40 度　**容量** 500mL

朗姆酒

由甘蔗制成，深受船员喜爱的朗姆酒，是全世界都钟爱的蒸馏酒。根据发酵法和蒸馏法的不同而产生的各种各样的味道，可以扩展到鸡尾酒的世界。

用人工带入的原料、制法做成的酒

朗姆酒是以西印度群岛为中心，由甘蔗制成的蒸馏酒。关于朗姆酒的起源众说纷纭，据说早在 17 世纪，蒸馏技术从欧洲传来，用甘蔗制作蒸馏酒。

随着 18 世纪航海技术的发展，朗姆酒闻名世界。据说，朗姆酒是英国海军发给水兵的物品，也是与奴隶交易有着密切关系的"三角贸易"的重要商品，这为朗姆酒的普及做出了贡献。

现在，朗姆酒不仅产于西印度群岛，许多国家和地区也有生产，是世界上最常喝的酒之一。

甘蔗

朗姆酒的历史

15 世纪末

甘蔗飞到西印度群岛

据悉，1492 年哥伦布发现新大陆后，从南欧西班牙将甘蔗带入欧洲。与加勒比海西印度群岛的气候十分吻合，后来成为甘蔗的一大产地。

16—17 世纪

朗姆酒酿造已定型

朗姆酒的起源众说纷纭，一种是 16 世纪初西班牙探险队队员发明的，另一种说法是 17 世纪初英国人创造的。因为在 17 世纪的记录中有关于甘蔗蒸馏酒的记载，表明在当时制造了朗姆酒。

17—18 世纪

通过三角贸易进入欧洲

在欧洲、西非、西印度群岛的三角贸易中，朗姆酒（黑人奴隶的身价）、黑人奴隶（甘蔗栽培的劳动力）、糖蜜（朗姆酒的原料）等重要商品得以循环，促进了朗姆酒的普及。

独特的风味是其特征
按风味、颜色进行分类

朗姆酒可以根据风味和颜色来分类。

根据风味分类有淡、中、浓 3 种。淡朗姆酒的特点是口感和味道都很轻，而中性朗姆酒的特点是有香味和爽口的口感，浓朗姆酒的味道很丰富。

根据颜色的不同分为白色、金色和黑色 3 种。通过活性炭处理去除颜色和杂味的白朗姆酒，接近威士忌和白兰地的颜色被归类为金色朗姆酒，深褐色被归类为黑朗姆酒。

根据风味分类

 淡

淡朗姆酒

用连续式蒸馏机蒸馏，用活性炭等过滤制作。

中性朗姆酒

只蒸馏发酵液的上层，在桶中储存。也有把淡朗姆酒和浓朗姆酒混在一起的。

浓

浓朗姆酒

用单式蒸馏机蒸馏发酵液，然后在内侧烧焦的木桶内存放几年。

颜色分类

浅

白朗姆酒

通过贮藏酒桶过滤带颜色的原酒，成为无色透明的清透风味。

金色朗姆酒

将白朗姆酒用焦糖等颜色上色。色调接近威士忌。

深

黑朗姆酒

色调为深褐色，除了桶储存的褐色以外，还用焦糖等着色。

百加得 Superior 白朗姆

在世界 120 多个国家钟爱的百加得的"蝙蝠朗姆酒"。鸡尾酒基酒的经典之作。

度数 40 度　容量 750mL

朗立可莱姆 151

加勒比产的浓朗姆酒。强烈的酒精度数带来了味道冲击。

度数 75 度　容量 700mL

Appleton 白朗姆酒

用连续式蒸馏机完成了淡朗姆酒和干朗姆酒的制造。清甜醇厚的味道与鸡尾酒很搭。

度数 40 度　容量 750mL

美雅士黑朗姆酒

黑朗姆酒的特征是将经过严格挑选的牙买加产的朗姆酒存放成熟后使其散发出香味。

度数 40 度　容量 700mL

萨凯帕 23 年典藏朗姆酒

这是利用独创熟成法"Solera system"，以储藏 23 年的原酒为主进行混酿的顶级朗姆酒。

度数 40 度　容量 750mL

了解烈酒 4

龙舌兰酒

用多肉植物酿造的只有墨西哥才有的
酒。在墨西哥奥运会上受到瞩目，并直接跳
到世界四大烈酒之中。

传说因山火而诞生的
蒸馏酒

龙舌兰酒是用石蒜科龙舌兰中的一种植
物制造而成的蒸馏酒。

据说墨西哥原本就有一种叫"Pulque"
的龙舌兰酿造酒，3 世纪左右就已经存在了。
16 世纪把墨西哥殖民化的西班牙人将此进行
蒸馏，制作出了梅斯卡尔（Mezcal，龙舌兰
酒的一种）。

梅斯卡尔被称为龙舌兰是在 20 世纪以
后。植物学家韦伯，将在龙舌兰村周边采集
的龙舌兰定为制作梅斯卡尔的最佳品种。根
据法律，只有这个品种生产的梅斯卡尔才叫
作"龙舌兰"。

龙舌兰

龙舌兰酒的历史

至 15 世纪

龙舌兰当地酒 "Pulque"

用龙舌兰酿制的酒 Pulque 在公元 200
年左右就已经存在了。在这片土地上繁荣
的阿斯特克文明的神话中，出现了龙舌兰
之神等，在宗教上也很重要。原料使用名
叫暗绿龙舌兰（Agave atrovirens）和金边
龙舌兰（Agave americana）的龙舌兰酒。

16 世纪

引进蒸馏技术

16 世纪，墨西哥殖民化的西班牙引
进了蒸馏技术，蒸馏 Pulque 的酒也由此
诞生。由于与现在的蒸馏器相比当时蒸
馏器的精度也很低，原料的香味和味道
更加浓厚。

20 世纪

从本土酒到世界的龙舌兰

指定了最适合制作梅斯卡尔的品种。
最适合制造梅斯卡尔的品种是特定的。
只有墨西哥 5 个州生产的梅斯卡尔才可
以叫"龙舌兰"这个名字，墨西哥奥运
会之后，龙舌兰被世界所知。

只有墨西哥的 5 个州有 "龙舌兰"

　　使用蓝色龙舌兰 51% 以上，只有特定的墨西哥 5 个州（参照下述）生产的梅斯卡尔，才能被称为 "龙舌兰"。

　　龙舌兰根据熟成度分为 3 种。白龙舌兰的特点是味道清亮，蒸馏后不会熟成。在木桶中存放 2 个月以上，接近金色的叫金龙舌兰，在木桶中存放 1 年以上的叫陈酿龙舌兰。

根据成熟期进行分类

（短）

白龙舌兰

　　无色透明有龙舌兰的清新的香味。通常在蒸馏后立即出货。

金龙舌兰

　　蒸馏后，在木桶中使之熟成 2 个月以上。带着浅浅的金色。

（长）

陈酿龙舌兰

　　法律规定在木桶中存储 1 年以上，有着醇厚的风味。

龙舌兰州

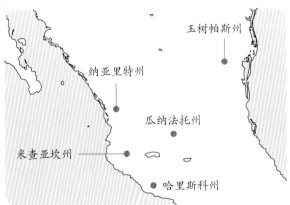

能生产龙舌兰的，只有上述 5 个州。
其他地区的被称为 "皮诺斯"。

龙舌兰

培恩银樽龙舌兰

　　甜美清新的味道和高雅醇厚的口感是其魅力所在。只使用蓝色龙舌兰。

度数 40 度　**容量** 750mL

库尔沃金标龙舌兰

　　最适合直接饮用，浓郁的味道很受欢迎。作为鸡尾酒的基酒，也有很高的评价。

度数 40 度　**容量** 750mL

卡萨多雷

　　在美国橡树的新橡木桶中存放 6 个月。浓郁的香味和醇厚的味道给人留下深刻的印象。

度数 40 度　**容量** 750mL

索查金龙舌兰酒

　　有甜味奶糖香和淡淡的龙舌兰的味道，口感顺滑味道醇厚。

度数 40 度　**容量** 750mL

1800 典藏龙舌兰

　　经过长达 12 个月的桶成熟处理，其口感滑润，具有芳香果味，余韵悠扬。

度数 40 度　**容量** 750mL

威士忌

炼金术师创造的琥珀色美酒

炼金术师生产的烈性酒作为长生不老的秘药被传播到了全世界。威士忌也是其中之一，它的词源是盖尔语的"乌休克·贝哈"，是拉丁语"阿克·维泰"（生命之水）的直译。

根据原料和制造方法来划分威士忌。例如"单一麦芽原酒"，只使用在单一酿造厂蒸馏过的大麦麦芽原酒。如果根据制造国家来分类，可以将"世界五大威士忌"分为 5 个生产国。

世界五大威士忌

苏格兰威士忌

英国苏格兰地区制造。以泥炭味为特征的麦芽威士忌非常有名。

爱尔兰威士忌

以大麦麦芽、大麦、黑麦、小麦等为原料制成。其特点是味道轻快。

美国威士忌

红彤彤的液体和芳香扑鼻的波本酒的主要原料是玉米。

加拿大威士忌

玉米主体的威士忌掺入黑麦主体的威士忌。味道清淡。

日本威士忌

使用大麦和谷类为原料，以及苏格兰威士忌的制作流程。味道温和，香味绚丽。

威士忌

芝华士皇家 12 年

象征了苏格兰威士忌艺术的品牌。以醇熟的口感拥有不可动摇的人气。

度数 40 度　容量 700mL

威凤凰黑麦威士忌

使用 51% 以上黑麦作为原料的威士忌酒。拥有香料和香草的细腻味道。

度数 40 度　容量 700mL

加拿大会所 12 年经典威士忌

有着来自黑麦的华丽香气。可以享受到温和的口感和醇厚的香味。

度数 40 度　容量 700mL

竹鹤纯麦威士忌

用 100% 优质毛尔特酿制的味道醇厚、口味纯正的菲尔德·威士忌。

度数 40 度　容量 700mL

白兰地

由葡萄酒酿造的芳醇的烈酒

白兰地是将葡萄酒进行蒸馏而产生的酒。分为以葡萄为原料的"葡萄白兰地"和以水果为原料的"水果白兰地"。

葡萄白兰地的代表是"干邑"和"雅文邑"。这些产品只在限定的地域被允许生产,其他地域的产品叫法国白兰地,法国以外只被称为白兰地。水果白兰地,有原料为苹果的"卡尔瓦多斯"和樱桃的"Kirsche"等多种多样。

葡萄白兰地的主要原产国

法 国　干邑

干邑市中只有2个地区可以生产。用单式蒸馏器进行两次蒸馏,然后进行桶内熟成处理。

法 国　雅文邑

雅文邑地方三县出产。用半连续式蒸馏器进行一次蒸馏,然后在黑色橡木桶中进行熟成处理。

法 国　法国白兰地

法国产白兰地的总称。除以上两个品种外,称为"法国白兰地"。

法 国　果渣白兰地

将葡萄酒榨汁后的残渣发酵,进行蒸馏而成。

意大利　格拉帕酒

用葡萄榨汁制成的意大利产白兰地。不经过桶内熟成的情况较多。

南 美　次白兰地酒

在西班牙语中是"燃烧的水(蒸馏酒)"的意思。不是用葡萄,而是用甘蔗的蒸馏酒。

白兰地

轩尼诗 V.S.

在全世界受欢迎的名品。优雅而生动的味道是干邑的象征。

度数 40度　容量 700mL

卡慕 VSOP 经典

使用波尔多等地产的原酒。推荐直饮、长饮,或加入姜汁汽水饮用。

度数 40度　容量 700mL

嘉宝雅邑 XO

使用熟成 23～35 年的原酒。华丽的香味,扎实的酒体成就经典的品质。

度数 40度　容量 700mL

苹果白兰地

成熟苹果的果香和成熟感形成绝妙的平衡才形成口感滑润的卡尔瓦多斯。

度数 40度　容量 700mL

了解利口酒

装点了鸡尾酒的利口酒

利口酒是指在烈酒中加入水果和香草等香味成分的酒，多数情况下还会添加糖类和色素，提高酒的味道和颜色。香味原料的配比、基酒和烈酒，以及加入的材料等，都是各大厂商的不传之秘技。

利口酒在 13 世纪作为药酒出现，受到上流阶层人们的重视。16 世纪，贵妇们将其称为"液体宝石""饮用的香水"，并将其引入时尚潮流，18 世纪普及到平民百姓当中。随着在自己家中也可以酿制利口酒以及技术的发展，新的利口酒不断扩充着鸡尾酒的世界。

香味的原料
大致分为 4 种

利口酒是指在蒸馏酒中加入香味成分的酒。香味原料有加入水果萃取物的水果系，带着香草香味的香料系，加入咖啡和可可等的坚果、种子、果核系，加入鸡蛋和奶油等特殊系 4 种。

是炼金术师
创造的?

据说，利口酒的起源是 13 世纪末，罗马教皇的侍医、炼金术师阿尔诺·德·维尔纽夫发明的一种药酒。将各种药草溶化的利口酒，被当作贵重的药品来使用。

决定性的
香味成分的提取

提取香味成分的方法大致分为"浸渍法""蒸馏法""过滤法"和"香精法" 4 种。因为根据原料的不同，合适的提取方法也会不同，所以通常将多种方法组合在一起。关于方法，在各原料的部分里有介绍。

在日本，
分类很模糊

在日本的酒税法中，"以酒类、糖类及其他物质为原料，提取物成分在 2 度以上"的酒被定义为利口酒。因为其中也含有芥末等调味料，所以通常"利口酒"的前提是在蒸馏酒中加入香味成分。

水果系

不同的水果品种可以衍生出不同风味的利口酒

　　加了水果香味的利口酒，可以从浆果和热带水果等果肉中提取，也可以从橘子等柑橘类水果的果皮中提取。前者是将原料浸泡在"烈酒基酒"中，通过"浸泡法"，浸泡几天到几个月后再提取香味，即"冷浸法"。后者是通过"蒸馏法"与"烈酒"一起用单式蒸馏器蒸馏出香味。即使是同样的水果，根据成分和做法的不同，味道也不同。

主要的材料	
果肉	樱桃、杏、水蜜桃、贝利、哈密瓜、洋梨等
果皮类	橙子、橘子、柠檬等
热带水果系	香蕉、椰子、荔枝、菠萝、百香果等

香草、香料系

独特的风味被认为是利口酒的开端

　　对于以药酒起源的利口酒来说，香草和香料是重要的原料。许多水果类植物也被用于利口酒，可以增加口味的深度。将香草类植物事先浸泡在热水中，加入烈酒，称为"温浸泡"法。也可将含有精油成分的香料等种子类香料通过"蒸馏法"，将香味融入烈酒中。这时抑制住苦味，也更容易饮用。

主要的材料与特征	
苦酒系	苦味剂、药草味
茴香酒系	茴香、甘草
本尼迪克特甜酒系	香草、蜂蜜、苦味剂、杏仁
加利安奴力娇酒系	茴香、香草、草药味
苏格兰威士忌利口酒系	威士忌、蜂蜜、药草味
其他	薄荷酒、香堇菜、绿茶、红茶

可可豆

榛果 / 坚果

坚果、种子、果核系

味道又甜又香

具有果实种子、果核、咖啡豆、香草等香味的利口酒。加入糖和香料，调整香气的平衡度。除鸡尾酒以外，有时也会被当作西洋点心的香味和糖浆的香味剂使用。香味是用"冷浸法"和像冲咖啡一样循环用烈酒或者热水冲泡的"过滤法"提取的。

主要的材料	
坚果系	榛子、核桃、夏威夷果
种子系	咖啡、可可
果核系	杏核

鸡蛋

特殊系

使用独特材料的新型利口酒

这是将鸡蛋和乳制品等动物性成分与烈酒混合而成的乳膏状的利口酒。特殊系利口酒产品创于 20 世纪，始于鸡蛋利口酒（Advocaat）。20 世纪 70 年代，开发出了一种将酒精和奶油融合在一起的技术，之前在食品加工上被认为是不可能的，这使得利用奶油制作利口酒成为可能。之后，就成了特殊系利口酒的代表。

巧克力酱

主要的材料与特征	
酱料系	威士忌与白兰地的基酒、巧克力酱、草莓酱
其他	鸡蛋、牛奶、酸奶

利口酒

水果系

柑曼怡柑橘味力娇酒
从精选的科涅克和加勒比海的橙中诞生的特级橙酒。
度数 40 度　容量 700mL

波士蓝柑桂酒
其特征是水果的口味。多使用果皮，突出甜的香型。
度数 21 度　容量 700mL

乐加黑加仑利口酒
优质的黑加仑有着甘甜丰富的香味，有着淡淡的酸味，是人气鼻祖黑加仑利口酒。
度数 20 度　容量 700mL

君度力娇酒
含有苦味和甜味两种橙的果皮，完美的平衡，搅和法。100% 自然且浓郁的芳香。
度数 40 度　容量 700mL

香草、香料系

金巴利
用各种香草、香料制成，代表意大利的带有略微苦味的酒。特征是红色。
度数 25 度　容量 750mL

潘诺茴香酒
它深受众多艺术家的喜爱，拥有 200 年历史。用冷水除尽后可以欣赏到颜色的变化。
度数 40 度　容量 700mL

法国廊酒 DOM
代表法国的传统药草类利口酒。特点是稳重、成熟、甜味。
度数 40 度　容量 750mL

杜林标酒
配合了苏格兰威士忌和各种香草。浓浓的香草香味。
度数 40 度　容量 750mL

坚果、种子、果核系

咖啡甘露（Kahlua）
用阿拉比卡的咖啡豆制作的利口酒。深厚醇熟的香味和甜甜的味道有着很好的平衡。
度数 20 度　容量 700mL

特殊系

百利甜酒、奶油利口酒
特殊系的金字塔奶油和爱尔兰威士忌令人心醉的味道。
度数 17 度　容量 700mL

葡萄酒

历史最悠久的酒

　　随着基督教传教的"面包是我的肉，葡萄酒是我的血"的扩散，葡萄酒在欧洲全境散播开来。在目前喝的酒中，拥有最悠久的历史。

　　软木瓶塞被开发于 17 世纪，之后出现了香槟，18 世纪发展出了在葡萄酒中加入蒸馏酒的雪莉酒和波特酒。为了赋予鸡尾酒清新高雅的味道，经常使用香槟作为基酒。

葡萄酒的分类

软饮葡萄酒

　　指无发泡的普通葡萄酒。分红、白、淡红 3 种。

起泡葡萄酒

　　起泡的葡萄酒中只有法国的香槟区生产的产品，才能被称为香槟。

加强葡萄酒

　　在酿酒过程中，加入蒸馏酒，提高了甜度和储藏性。强化酒精的葡萄酒。

风味葡萄酒

　　以软饮葡萄酒为基酒配上香草类、水果、蜂蜜等香味。比如味美思、杜邦等。

啤酒

被称为液体面包全世界都喝的酒

　　大麦麦芽、水以及啤酒花为主要原料的啤酒，是仅次于葡萄酒的历史悠长的酒类。在世界上被制造、消费最多的酒。因为营养价值高，被称为"液体面包"。根据发酵方法的不同，啤酒分成上层发酵、下层发酵和自然发酵 3 种，进一步还可以细分为各种各样的风格。如果使用在鸡尾酒中，可以品尝到不同类型的鸡尾酒。

啤酒的分类

上层发酵	浅色	英国的艾尔（Ale）、德国的凯尔什、魏森等。因为留下了香味成分，香味很浓厚
	中等色	美国的 IPA，德国的 Alto 等，铜褐色，有着强烈的啤酒花苦涩味道
	深色	以爱尔兰的"吉尼斯"为代表的烈性黑啤酒等，麦芽香味和苦味重为特点
下层发酵	浅色	捷克的皮尔森是皮尔森啤酒的发祥之地。日本的大部分啤酒都是这个类型的
	中等色	深颜色的芳醇的啤酒。温那风格的拉格和梅尔森
	深色	深色窖藏、黑啤等。个性强烈，风味差异显著
自然发酵		比利时的 Ramvic 等。颜色有黄色和红色等各种各样，独特的酸味是其特征

清酒

不太为人所知
调制新鲜的鸡尾酒

日本人用主食大米做成了清酒。在《古事记》和《日本书纪》中也有关于酿酒的记载，平安时代的酿造方法与现在大致相同。江户时代，各种各样的清酒聚集江户，在相互切磋的过程中确立了酿制"清酒"的技术。在鸡尾酒中使用清酒还很少见，被称为吟酿香的清酒特有的丰富的香味和清爽的味道能给人带来新鲜的惊喜。

清酒的分类

	纯米酒系	精米步合		本酿造酒系
特定名称酒	纯米大吟酿	50% 以下		大吟酿
	纯米吟酿	60% 以下		吟酿
	纯米	无规定	70% 以下	本酿造
普通酒	特定名称酒以外的清酒。精米比率超过71%、添加规定量以上的酿造酒精、糖类、氨基酸等成分的酒属于普通酒			

烧酒

由丰富的原料制成
日本自古以来的烈酒

起源于古代埃及的蒸馏技术，从东南亚传入琉球王国（冲绳）、九州，也就是日本制的"烈酒"。用根茎类、大米、麦子等谷类，芝麻、小米、荞麦、酒渣以及黑糖等多种多样的原料制成。烧酒中很多种类的蒸馏酒在世界上也很少见。根据原料和做法的不同，风味上也会有明显的差异，所以大部分情况下用来制作鸡尾酒的种类都是固定的。

烧酒的分类

连续式蒸馏烧酒（甲类）

一般被称为白干酒，基本上是无味无臭的。也会用到碳酸酒中。以糖蜜和谷类为原料，加水加入通过连续蒸馏机得到的纯酒精，调节到酒精度数36度以下。

单式蒸馏烧酒（乙类）

单式蒸馏机形成酒精度数45度以下的烧酒叫作经典烧酒。泡盛也被分类到这里面。利用原料的固有味道制作而成，只要是含有糖类和淀粉类的食材都可以称为原料。

世界上的烈酒

世界上还有很多不为人知的烈酒。在这里介绍其中的一部分。

其他烈酒

Pinga

巴西传统朗姆酒的一种"Pinga"。由于是将甘蔗榨出的汁液直接发酵，经过单次蒸馏制成的烈酒，所以有着浓厚的原料香味。

阿夸维特酒

赫尔辛基奥运会以后，北欧各国生产的土豆酒"阿夸维特酒"开始被人们关注。以土豆为原料，用连续式蒸馏机蒸馏的"烈酒"。通过添加香草赋予其特殊的香味。

科恩酒

"科恩"在德语中指谷物白兰地，在当地，人们常和啤酒轮流喝来温暖身体。以大麦等谷类为原料，不另外加香料的德国独特蒸馏酒。科恩白兰地酒（谷类白兰地）缩略后成了现在的名字。

中东亚力酒

江户时代传到日本的"中东亚力酒"是东南亚和中东地区出产的蒸馏酒。国家、地区以及原料不同，影响了烧酒口味的多样化。主要原料是椰子、糖蜜、糯米、木薯等。

酒款举例

使用 Pinga 制作的非常适合夏天饮用的一杯酒

Caipirinha

凯匹林纳鸡尾酒

材料

- Pinga   80mL
- 糖粉   1～2tsp.
- 青柠   1/2～1 个

30 度	中口	兑和法
全日酒	古典酒杯	

制作方法 ▶ 将切碎的青柠和糖粉放入玻璃杯中捣碎。加冰然后加入 Pinga，调和。

凯匹林纳在葡萄牙语中是"乡村姑娘"的意思。香味丰富的 Pinga 中加入了新鲜青柠和糖粉，味道更好。

鸡尾酒酒单

以经典款鸡尾酒为引领，
根据不同的基酒种类进行分类，
介绍了鸡尾酒的由来和味道等。

金酒基酒

作为鸡尾酒的基酒最经常使用的杜松子酒，是蒸馏谷物后，用杜松子等香料调味制成的。无色透明，酒精度 40 度以上的产品多被称为干金酒，很辣。

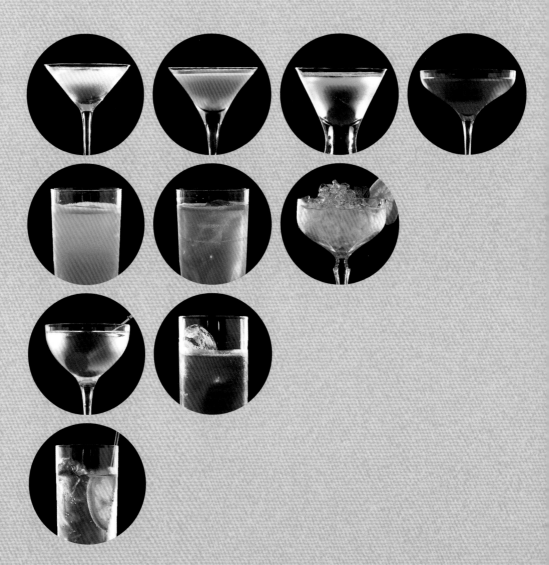

[目 录]

经典 清爽口味的经典
鸡尾酒

Gin & Tonic
金汤力

材料

■ 干金酒	45mL
■ 汤力水	适量
■ 酸橙	1 块

制作方法 往加了冰的调酒杯里倒入干金酒，之后加满冰镇的汤力水轻轻地调和。也可以放入挤过一下的酸橙。

　从英国传播到世界的鸡尾酒。汤力水增强了杜松子酒的香气，使之百喝不腻。如果挤入酸橙，更能增加清爽的感觉。也可根据喜好换成柠檬片。

16 度	中辣口	兑和法
全日酒		平底玻璃杯

经典 因小说的著名台词
一举成名

Gimlet

吉姆雷特

材料

▪ 干金酒	60mL
▪ 青柠汁	20mL

制作方法 把所有的材料和冰放进调酒杯里，摇匀后倒入鸡尾酒杯。

据说起源于 19 世纪末，英国海军医生吉姆雷特爵士考虑到将校的健康，建议金酒和酸橙汁混合饮用。雷蒙德·钱德勒的《漫长的告别》中出现的著名台词是"对吉姆雷特来说还为时过早"，由此获得了粉丝。

33 度	辣口	摇和法
全日酒		鸡尾酒杯

经典 获得压倒性支持的
鸡尾酒杰作

Martini

马提尼

材料

▪ 干金酒	60mL
▪ 干味美思	20mL

制作方法 把所有的材料都倒进加了冰的混酒杯里调和，然后倒入鸡尾酒杯。将鸡尾酒签刺入橄榄使其下沉。

被称为鸡尾酒之王，通过调整配方和酒的品种等来测试调酒师的本领。配方随着时代的变迁而变化。现在，固定的做法是使用苦酒。名字来自意大利的苦酒制造公司马提尼。

42 度	辣口	调和法
全日酒		鸡尾酒杯

烈性震级的酒精度数

Earthquake

地震

材料 ▶

■ 干金酒	25mL
■ 威士忌	25mL
■ 潘诺茴香酒	25mL

制作方法 ▶ 把所有的材料和冰倒入调酒器中摇和，然后倒入鸡尾酒杯。

　　因为饮用后就像遇到地震一样，身体摇晃而得名，酒精度很高的一款鸡尾酒。干金酒和威士忌，更有浓厚香味的潘诺茴香酒融合在一起，虽然很刺激，却能感受到清爽的风味。

42 度	辣口	摇和法
全日酒	鸡尾酒杯	

在日本出生的鸡尾酒

Aoi Sangosho

绿色珊瑚礁

材料 ▶

■ 干金酒	55mL
■ 薄荷酒（绿色）	25mL
■ 柠檬汁	适量
■ 马拉斯奇诺樱桃	1 个

制作方法 ▶ 在调酒器中放入干金酒、薄荷酒和冰块，用摇和法，然后倒入用柠檬涂过杯口的鸡尾酒杯。沉入一颗马拉斯奇诺樱桃。

38 度	中甜口	摇和法
全日酒	鸡尾酒杯	

一喝仿佛受邀到南国

Around the World
环游世界

材料 ▶

■ 干金酒	50mL
■ 薄荷酒（绿色）	15mL
■ 菠萝汁	15mL

制作方法 ▶ 把冰块和所有的材料放入调酒器中摇和，然后倒入鸡尾酒杯。根据个人喜好装饰薄荷樱桃。

这是为纪念飞机可以环游世界而举行的鸡尾酒大赛的冠军作品。绿色让人联想到地球，薄荷的爽快、菠萝的酸味和甜味让人产生出休假的感觉。

35 度	中甜口	摇和法
全日酒	鸡尾酒杯	

香草味和回味十足的成人鸡尾酒

Alaska
阿拉斯加

材料 ▶

■ 干金酒	60mL
■ 荨麻酒（黄色）	20mL

制作方法 ▶ 把所有的材料和冰倒入调酒器中摇和，然后倒入鸡尾酒杯。

在鸡尾酒中，这款酒的酒精度也是屈指可数的。干金酒和荨麻酒的组合是最简单也是最和谐的。用绿色荨麻酒代替黄色荨麻酒，就成了绿阿拉斯加。

45 度	中甜口	摇和法
餐前	鸡尾酒杯	

酝酿出高雅品位的翡翠色鸡尾酒

Alexander's Sister

亚历山大姐妹

材料

■ 干金酒	40mL
■ 薄荷酒（绿色）	20mL
■ 鲜奶油	20mL

制作方法 把所有的材料和冰倒入调酒器中摇和，然后倒入鸡尾酒杯。

白兰地基酒的亚历山大（p.144）的姐妹版。薄荷清爽的味道和鲜奶油丝滑的口感很受女性欢迎。薄荷有帮助胃消化的作用，推荐在餐后饮用。

32 度	甜口	摇和法
餐后	鸡尾酒杯	

天使微笑的芳醇香气

Angel Face

天使之颜

材料

■ 干金酒	25mL
■ 苹果白兰地	25mL
■ 杏子白兰地	25mL

制作方法 把所有的材料和冰倒入调酒器中摇和，然后倒入鸡尾酒杯。

辣口的干金酒，配上苹果白兰地和杏子白兰地所酿出的高雅香味，使其具有醇厚的风味，是一种易饮的鸡尾酒。因为酒很强劲，所以注意不要喝太多。

40 度	中口	摇和法
全日酒	鸡尾酒杯	

金酒 × 橙汁非常清喉

Orange Fizz
橙子菲士

材料 ▶

■ 干金酒	45mL
■ 橙汁	30mL
■ 柠檬汁	15mL
■ 砂糖	1tsp.
■ 苏打水	适量

制作方法 ▶ 把除苏打水以外的材料放进调酒器中摇和，然后把酒倒进装有冰的大玻璃杯中。平底玻璃杯装满了苏打水之后，轻轻地调和一下。

金酒和柑橘类的搭配非常好。再加上苏打水清爽的口感，冷藏一下玻璃杯就会美味加倍。

16 度	中口	摇和法
全日酒	平底玻璃杯	

感受新娘般的幸福

Orange Blossom
橙花

材料 ▶

■ 干金酒	50mL
■ 橙汁	30mL

制作方法 ▶ 把所有的材料和冰倒入调酒器中摇和，然后倒入鸡尾酒杯。

同时开花结果的橙子是爱情和丰收的象征。在美国有在婚礼礼服上装饰橙色花朵的习俗，常作为婚宴的开胃酒。集新娘的喜悦于一身，充满幸福的一款酒。

31 度	中口	摇和法
全日酒	鸡尾酒杯	

虽然是水果，但喝起来很清爽

Casino
赌场

材料

■ 干金酒	80mL
■ 黑樱桃酒	2dash
■ 橙味苦酒	2dash
■ 柠檬汁	2dash

制作方法 在混酒杯中放入所有的材料和冰块进行调和，斟入鸡尾酒杯。喜欢的话也可以放一颗酒签刺的马拉斯奇诺樱桃。

香气四溢的马拉斯奇诺樱桃的原料是樱桃。搭配柠檬汁和橙味苦酒增添了水果的味道。因为干金酒的分量多，所以酒精度数高。

37 度	中辣口	调和法
全日酒	鸡尾酒杯	

仿佛巴黎街道的优雅

Café de Paris
巴黎咖啡

材料

■ 干金酒	60mL
■ 茴香酒	1tsp.
■ 鲜奶油	1tsp.
■ 蛋清	1 个

制作方法 把所有的材料和冰倒入调酒器中摇和，然后倒入鸡尾酒杯。

鲜奶油和蛋清用摇和法产生的泡沫可以无限细致。口感非常好，其奶油般的口感和茴香酒甜甜的风味配在一起会让人非常舒适，也不会特别甜。

25 度	中口	摇和法
全日酒	鸡尾酒杯	

熟悉的清爽味道

Campari Cocktail
金巴利鸡尾酒

材料

■ 干金酒	40mL
■ 金巴利	40mL

制作方法 在混酒杯中加入所有的材料和冰调和。用过滤器罩上酒杯倒进鸡尾酒杯里。

在意大利的荨麻酒中，金巴利最为出名。使用了 60 多种香草和香料，其特点是鲜艳的红色、独特的苦味和淡淡的甜味。和辣口的干金酒混合，更有成熟风味。

36 度	中口	调和法
餐前		鸡尾酒杯

热闹夜晚的芳醇香味

Kiss in the Dark
暗夜之吻

材料

■ 干金酒	25mL
■ 樱桃白兰地	25mL
■ 干味美思	25mL

制作方法 在混酒杯中放入所有的材料和冰块进行调和，并盖上过滤器倒进鸡尾酒杯。

马提尼（p.67）的组合，加上樱桃白兰地，是充满甜美香气的鸡尾酒。这款鸡尾酒非常适合浪漫的夜晚。

30 度	中口	调和法
全日酒		鸡尾酒杯

辣口马提尼中闪耀的白珍珠

Gibson

吉普森

材料

■ 干金酒	65mL
■ 干味美思	15mL

制作方法 在混酒杯中放入所有的材料和冰块进行调和，斟入鸡尾酒杯。也可以让酒签刺进珍珠洋葱，泡进酒中。

做法和马提尼（p.67）基本相同，多放些干金酒稍微做成辣口。据说是 19 世纪末人气插画家查尔斯·达娜·吉普森的创意，加入了珍珠洋葱。

42 度	中口	调和法
餐前		鸡尾酒杯

鸡尾酒中最辣的一款

Classic Dry Martini

传统干马提尼

材料

■ 干金酒	55mL
■ 干味美思	25mL
■ 橙味苦酒	1dash

制作方法 在混酒杯中放入所有的材料和冰块进行调和，并盖上过滤器倒进鸡尾酒杯。

鸡尾酒之王马提尼的种类超过 300 种。甜口是标准款，不过，进入 20 世纪辣口的马提尼变得很受欢迎。本款金酒的比例很高，是马提尼中最辣的，是鸡尾酒之中最辣的。

40 度	辣口	调和法
餐前		鸡尾酒杯

满满果汁的一杯水果风味鸡尾酒

Cosmopolitan Martini

大都会马提尼

材料

■ 干金酒	25mL
■ 柑曼怡	15mL
■ 蔓越莓汁	25mL
■ 青柠汁	15mL

制作方法 把所有的材料和冰倒入调酒器中摇和，然后倒入鸡尾酒杯。

蔓越莓、青柠、橙子（柑曼怡）的果汁的甜味配上干金酒的辛辣，形成了温柔的味道。正如"大城市＝世界人"的名字一样，这是深受所有人喜爱的鸡尾酒。

22 度	中口	摇和法
全日酒		鸡尾酒杯

配方使添加利金酒的味道更加清新

JFK

肯尼迪机场

材料

■ 添加利金酒	45mL
■ 柑曼怡	15mL
■ 干雪莉酒	15mL
■ 橙味苦酒	2dash

制作方法 在混酒杯中放入所有的材料和冰块进行调和，斟入鸡尾酒杯。根据自己的喜好，可以用酒签刺上橄榄进行装饰，最后使用橘子进行果皮增香。

据说美国第 35 任总统约翰·肯尼迪特别喜欢添加利金酒，本款是为了致敬而创作的鸡尾酒。

39 度	辣口	调和法
餐前		鸡尾酒杯

著名的鸡尾酒的王道

Gin & It

金和义

材料

■ 干金酒	40mL
■ 甜味美思	40mL

制作方法 按照干金酒、甜味美思的顺序倒入鸡尾酒杯。

　　被认为是马提尼的原型，搭配简单的调制方法。因为是在没有制冰机的时代生产的，所以原本的金酒和味美思都是在常温下生产的。由于加入了葡萄酒风味的甜味美思，感受到更多的是甜甜的味道。也被称为意大利金酒。

31 度	中辣口	兑和法
餐前		鸡尾酒杯

热带鸡尾酒的杰作

Singapore Sling

新加坡司令

材料

■ 干金酒	45mL
■ 樱桃白兰地	25mL
■ 柠檬汁	20mL
■ 苏打水	适量
■ 柠檬片	半片

制作方法 把除苏打水以外的所有材料和冰都装入调酒器摇和，然后倒入柯林杯。加入冰块后加入冰镇的苏打水，轻轻调和。

　　可以放入柠檬片进行装饰。这是被誉为热带鸡尾酒的杰作，以从酒店眺望的马六甲海峡落日为背景调制的鸡尾酒。

15 度	中辣口	摇和法
全日酒		柯林杯

柔和可爱的粉红色

Gin Daisy

金戴兹

材料

- 干金酒 45mL
- 柠檬汁 20mL
- 红石榴糖浆 2tsp.

制作方法 在调酒器里放入所有的材料和冰块摇和，然后倒进装了裂冰的香槟杯里。

辣口的干金酒中加入柠檬汁和红石榴糖浆混合，是很顺口的一款酒。仿佛小雏菊一样，有透明感的粉红色是魅力所在。

16 度	中甜口	摇和法
全日酒	香槟杯（碟形）	

以清爽的口感受到喜爱

Gin Buck

金霸克

材料

- 干金酒 45mL
- 柠檬汁 20mL
- 姜汁汽水 适量

制作方法 可选柠檬片或薄荷叶。将干金酒、柠檬汁以及冷藏的姜汁汽水倒入放好冰块的柯林杯，轻轻兑和。根据喜好放入青柠块。由烈酒加上柠檬汁和姜汁汽水制作而成。

风格叫作"Buck"。Buck 的意思是"雄鹿"，有一种说法是由于这款酒特别有劲所以叫作 Buck。

16 度	中口	兑和法
全日酒	柯林杯	

甘甜爽口的口感

Gin Fizz

金菲士

材料

■ 干金酒	45mL
■ 柠檬汁	20mL
■ 砂糖	2tsp.
■ 苏打水	适量

制作方法 将苏打水以外的材料和冰倒入调酒器中，然后把它们摇匀，然后倒入装有冰的大玻璃杯中，然后倒满冰苏打水。

菲士的代表鸡尾酒款。菲士的名字是用碳酸跑出来的声音命名的。据说起源于1888年，美国新奥尔良的一家沙龙的老板在柠檬汽水中放了金酒。

16度	中辣口	摇和法
全日酒	平底玻璃杯	

一边摸索着喜欢的味道一边享受

Gin Rickey

金瑞基

材料

■ 干金酒	45mL
■ 苏打水	适量
■ 青柠块	1个

制作方法 青柠块挤一下然后放入平底玻璃杯中，加冰后倒入金酒。倒满冰苏打水，轻轻兑和。

瑞基是烈酒青柠或柠檬与苏打水一起调出来的酒款。用调酒棒压碎果肉调味。19世纪末，在美国华盛顿的餐厅里，作为夏季饮品而设计出来。使用第一位客人的名字作为酒名。

16度	辣口	兑和法
全日酒	平底玻璃杯	

云彩里露出的薄荷仿佛是天堂

Seventh Heaven
七重天

材料

■ 干金酒	60mL
■ 黑樱桃酒	20mL
■ 葡萄柚汁	1tsp.
■ 薄荷樱桃	1 个

制作方法 在调酒器里加入薄荷樱桃以外的食材同冰块摇和，然后倒进鸡尾酒杯里。最后放入薄荷樱桃。

散发着淡淡的黑樱桃酒香味的 1 杯。沉浸在朦胧的液体中的薄荷樱桃，给人一种居住在伊斯兰教地位最高的天使居住的"第 7个天国"的感觉。

40 度	中口	摇和法
全日酒		鸡尾酒杯

感受到橄榄香味的深刻味道

Dirty Martini
脏马提尼

材料

■ 干金酒	80mL
■ 橄榄盐水	1tsp.
■ 腌制青橄榄	2 个

制作方法 在调酒器里放入干金酒、橄榄盐水和冰块摇和，倒入鸡尾酒杯。最后在橄榄上插上酒签放入杯中。

由于使用橄榄盐水，颜色会变得浑浊，所以被打上了"肮脏"的标签。橄榄盐水起到了总体调味的作用，使味道更加有层次。

43 度	辣口	摇和法
餐前		鸡尾酒杯

伦敦出生的红人

Tom Collins

汤姆柯林

材料 ▶

■ 干金酒	60mL
■ 柠檬汁	20mL
■ 糖浆	2tsp.
■ 苏打水	适量

制作方法 ▶ 在放入冰块的柯林杯中加入除苏打水以外的材料，然后用兑和法调制。加满冰镇的苏打水，轻轻调和。

19世纪中叶，伦敦的调酒师约翰柯林创作。将基酒换成颇具人气的全日酒汤姆金酒就变成汤姆柯林了。现在用干金酒制作。

11度	中口	兑和法
全日酒		柯林杯

美食家爱喝的芳醇鸡尾酒

Negroni

尼克罗尼

材料 ▶

■ 干金酒	30mL
■ 金巴利	30mL
■ 甜味美思	30mL
■ 橙子片	半片

制作方法 ▶ 根据喜好，挤入青柠块。将所有的材料灌注到装满冰块的古典酒杯中，用兑和法调制。

微苦的金巴利、芳醇的味美思与清爽的金酒三位一体，散发出浓郁的成年人感觉。据说佛罗伦萨餐厅的常客，美食家的尼克罗尼伯爵喜欢将其作为餐前酒。

29度	中口	兑和法
餐前		古典酒杯

乐园之风吹拂的水果鸡尾酒

Paradise

天堂

材料

■ 干金酒	40mL
■ 杏子白兰地	20mL
■ 橙汁	20mL

制作方法 把所有的材料和冰倒入调酒器中摇和，然后倒入鸡尾酒杯。

酸甜水果风味让金酒的味道更加清爽，让人想起天堂乐园，是一种令人兴奋的鸡尾酒。如果喜欢辣口的话，可以多放点金酒，控制杏子白兰地的分量。

30 度	中甜口	摇和法
全日酒	鸡尾酒杯	

女性不由自主地拿起闪闪发光的粉红色

Pink Lady

红粉佳人

材料

■ 干金酒	55mL
■ 红石榴糖浆	15mL
■ 柠檬汁	1tsp.
■ 蛋清	1 个

制作方法 把所有的材料和冰倒入调酒器中摇和，然后倒入鸡尾酒杯。

这是 1912 年授予在伦敦大受欢迎的舞台剧《红粉佳人》的女主演的至高无上的一杯酒。白色的泡沫象征羽毛披肩，闪亮的粉红色象征着被荣光包围的舞台女演员。

24 度	中甜口	摇和法
全日酒	鸡尾酒杯	

月光演绎浪漫的时光

Blue Moon

蓝月亮

材料

- 干金酒   35mL
- 紫罗兰酒   20mL
- 柠檬汁   20mL

制作方法 把所有的材料和冰倒入调酒器中摇和，然后倒入鸡尾酒杯。

　　紫罗兰的美丽的紫色和酒香气是这款酒的特色。给人以夜雾中闪耀的月光的印象，为浪漫的成年人时光增光添彩。因为是清爽的口感，所以不仅在女性中，在男性中也很受欢迎。

30 度	中口	摇和法
全日酒	鸡尾酒杯	

优雅的贵妇人的姿态

White Lady

白色丽人

材料

- 干金酒   40mL
- 白柑桂酒   20mL
- 柠檬汁   20mL

制作方法 把所有的材料和冰倒入调酒器中摇和，然后倒入鸡尾酒杯。

　　与"白色丽人"的名字很相称，通透的乳白色酝酿了高雅的气氛。干金酒和白柑桂酒、柠檬汁融合在一起，清凉可口。也可以将基酒换成白兰地、伏特加、朗姆酒。

34 度	中辣口	摇和法
全日酒	鸡尾酒杯	

圆你百万美元的梦

Million Dollar

百万美元

材料 ▶

■ 干金酒	45mL
■ 甜味美思	15mL
■ 菠萝汁	15mL
■ 红石榴糖浆	1tsp.
■ 蛋清	1 个

制作方法 ▶ 把所有的材料和冰倒入调酒器中摇和，然后倒入鸡尾酒杯。可以根据自己的喜好装饰菠萝等水果。

　　它诞生于大正时代，在银座的咖啡店里很受欢迎。当时，人们使用老汤姆金酒。口感柔软细腻。

20 度	中甜口	摇和法
全日酒	鸡尾酒杯	

纽约出生的红茶香气扑鼻的 1 杯

Long Island Iced Tea

长岛冰茶

材料 ▶

■ 干金酒	15mL
■ 伏特加	15mL
■ 朗姆酒（白色）	15mL
■ 龙舌兰	15mL
■ 蓝柑桂酒	2tsp.
■ 柠檬汁	30mL
■ 糖浆	1tsp.
■ 可乐	40mL

制作方法 ▶ 将所有的材料放入装有冰块的柯林杯里，摇和。

　　8 种材料搅和在一起，1 滴红茶也不使用，但是仍然有冰红茶的味道和颜色。

19 度	中口	摇和法
全日酒	柯林杯	

伏特加基酒

　　伏特加是俄罗斯著名的原产酒，是一种以谷类和麦芽为原料的蒸馏酒。没有什么味道的中性鸡尾酒基酒，除了最理想的普通类型之外，还有香草和水果的香味。

[目 录]

带有强烈的
清爽刺激

Moscow Mule

莫斯科骡子

兑和法是制作鸡尾酒的代表。青柠的清爽香味和姜汁啤酒的爽快口感是这款酒的特点。莫斯科骡子有了伏特加的强烈，仿佛是骡子强有力的后腿，这就是"莫斯科骡子"的意义。

材料

■ 伏特加	45mL
■ 青柠汁	15mL
■ 姜汁啤酒	适量

制作方法 将所有的材料放入装有冰块的马克杯轻轻地兑和。按照喜好用青柠块装饰。

11度	中口	兑和法
全日酒	马克杯	

经典 代表款
鸡尾酒

Salty Dog
咸狗

经典 俄罗斯传统乐器的
声音响起

Balalaika
巴拉莱卡

材料

■ 伏特加	30 ~ 45mL
■ 葡萄柚汁	适量
■ 盐	适量

制作方法 在杯口沾好盐的古典酒杯中加入冰块，然后按照伏特加、综合果汁的顺序倒入酒杯，轻轻兑和。

　　咸狗是"甲板员"的英国俚语说法。玻璃杯的边缘沾上盐，就是代表着迎着海风工作的他们。盐可以软化葡萄柚的酸味，增加甜味。

11度	中口	兑和法
全日酒		古典酒杯

材料

■ 伏特加	40mL
■ 白柑桂酒	20mL
■ 柠檬汁	20mL

制作方法 把所有的材料都装入调酒器摇和，倒入鸡尾酒杯。

　　巴拉莱卡是俄罗斯传统的弦乐器，据说它倒过来看像鸡尾酒杯。白柑桂酒和柠檬汁的组合，清爽的味道与清凉的色彩倒是很一致。一边听着巴拉莱卡的音色，一边喝酒应该是一种享受吧。

30度	中辣口	摇和法
全日酒		鸡尾酒杯

闪闪发光的翡翠色润泽着喉咙

Aqua
蓝水

材料

- 伏特加   35mL
- 绿薄荷酒   25mL
- 青柠汁   15mL
- 汤力水   适量

制作方法 把汤力水以外的材料和冰倒入调酒器中摇和。倒入柯林杯里，倒满冰镇的汤力水。

翡翠般的蓝绿色非常美丽，光看就能感受到清凉。清爽的香味和酸味，再加上碳酸的刺激，能滋润干渴的喉咙。

9度	中口	摇和法
全日酒		柯林杯

对刚开始尝试鸡尾酒的人来说很简单

Vodka Apple Juice
伏特加苹果汁

材料

- 伏特加   30～45mL
- 苹果汁   适量

制作方法 在柯林杯里加冰，然后放入所有材料兑和。

别名大苹果。用伏特加和苹果汁调制的简约款鸡尾酒，推荐给刚开始品尝鸡尾酒的新手。苹果醇厚的甜味和伏特加真是绝配。把苹果汁换成橙汁就是螺丝起子。

13度	中甜口	兑和法
全日酒		柯林杯

邦德也喜欢的味道

Vodka Martini

伏特加马提尼

材料

- 伏特加   65mL
- 干味美思   15mL

制作方法 在混酒杯中放入所有的材料和冰块进行调和，并盖上过滤器倒进鸡尾酒杯。

将马提尼（p.67）的金酒换成了伏特加，比起干金酒，味美思的辣更为直接。在电影《007》系列中登场，以邦德的"不是调和法是摇和法"这句台词闻名。

36 度	辣口	调和法
餐前		鸡尾酒杯

享受青柠和苏打水的爽快感

Vodka Rickey

伏特加瑞基

材料

- 伏特加   40mL
- 青柠块   1 个
- 苏打水   适量

制作方法 用喜欢的酒签刺上橄榄放入杯中。往平底玻璃杯中挤一下青柠，然后直接放入杯中。放入冰块和伏特加后倒满冰镇的苏打水。

将挤过的青柠放入玻璃杯，然后用调酒棒捣一下，直到喜欢的酸度。所以这是一款酸味的自由度很高的鸡尾酒。青柠清爽的香味和碳酸的口感会让嘴巴生出爽快感，瞬间就滋润了喉咙。

13 度	辣口	兑和法
全日酒		平底玻璃杯

锐利的辣口鸡尾酒

Kamikaze

神风特攻队

材料

- 伏特加　　　　　　　　　　　　　　60mL
- 白柑桂酒　　　　　　　　　　　　　1tsp.
- 青柠汁　　　　　　　　　　　　　　20mL

制作方法 把所有的材料和冰倒入调酒器中摇和，然后倒入装满冰的古典酒杯。

其独有的爽口的辣味，让人联想起日本海军的神风特攻队，由此而得名"神风特攻队"。其实是诞生在美国的鸡尾酒。与其具有攻击性的名字相反，青柠汁的酸味带来清爽的口感。

27 度	中辣口	摇和法
全日酒	古典酒杯	

名称来自阿姆斯特朗的名曲

Kiss of Fire

热吻

材料

- 伏特加　　　　　　　　　　　　　　25mL
- 黑刺李金酒　　　　　　　　　　　　25mL
- 干味美思　　　　　　　　　　　　　25mL
- 柠檬汁　　　　　　　　　　　　　　2dash
- 砂糖　　　　　　　　　　　　　　　适量

制作方法 把除砂糖以外的材料和冰块放到调酒器中摇和，然后倒进用砂糖制成雪花边饰的鸡尾酒杯里。

如同黑刺李金酒中燃烧的火焰一样，红色和砂糖的雪花边饰再现了接吻的情景。名字来源于路易·阿姆斯特朗的爵士乐名曲。

26 度	中辣口	摇和法
餐前	鸡尾酒杯	

眼前浮现的是闪耀着翡翠色的大海

Green Sea

绿海

材料 ▶

■ 伏特加	35mL
■ 干味美思	20mL
■ 绿薄荷酒	20mL

制作方法 ▶ 在混酒杯中放入所有的材料和冰块进行调和，并盖上过滤器倒进鸡尾酒杯。

这是能让人眼前浮现南国大海的鲜艳绿色鸡尾酒。干味美思的辣味加上薄荷的清凉，口感也很轻快。喝了酒，马上就像被大海的海风吹拂一般，令人心旷神怡。

30 度	中辣口	调和法
全日酒	鸡尾酒杯	

喝一口就会上瘾的爽快鸡尾酒

Green Spider

绿蜘蛛

材料 ▶

■ 伏特加	55mL
■ 绿薄荷酒	25mL

制作方法 ▶ 把所有的材料和冰倒入调酒器中摇和，然后倒入鸡尾酒杯。

绿薄荷酒带来清凉爽口感受的鸡尾酒。虽然有点甜，但是伏特加的味道更爽。据说薄荷有促进消化的效果，推荐在饭后来一杯。

35 度	中甜口	摇和法
餐后	鸡尾酒杯	

电视剧中出现的超人气鸡尾酒

Cosmopolitan
大都会

材料

■ 伏特加	35mL
■ 白柑桂酒	15mL
■ 蔓越莓汁	15mL
■ 青柠汁	15mL

制作方法 把所有的材料和冰倒入调酒器中摇和，然后倒入鸡尾酒杯。

美国电视剧《欲望都市》中主人公点的鸡尾酒。红色的蔓越莓酝酿出水果的酸甜，非常适合女性。

27度	中口	摇和法
全日酒	鸡尾酒杯	

杏仁的淡淡甜味很舒服

Godmother
教母

材料

■ 伏特加	45mL
■ 苦杏仁酒	15mL

制作方法 将所有的材料放入装满冰块的古典酒杯中，兑和。

本款酒是作为威士忌基酒的教父（p.137）的变种而出现的。与以辣口的伏特加为基酒的教父比起来，带有苦杏仁酒的甜味，使整杯酒的味道变得更加柔和。

36度	甜口	兑和法
餐后	古典酒杯	

感受大海微风的清爽味道

Sea Breeze

海风

材料

■ 伏特加	30mL
■ 蔓越莓汁	45mL
■ 葡萄柚汁	45mL

制作方法 把所有的材料和冰倒入调酒器中摇和，然后倒入平底玻璃杯中。

海风的意思是"大海的微风"。酸甜的蔓越莓加上葡萄柚苦涩的酸味，饮用起来非常清爽。再加上粉色的外表，很受女性欢迎。诞生于美国西海岸，20 世纪 80 年代进入日本。

10 度	中口	摇和法
全日酒		平底玻璃杯

异国情调的个性鸡尾酒

Gypsy

吉普赛

材料

■ 伏特加	65mL
■ 法国廊酒 DOM	15mL
■ 安高天娜苦精酒	1dash

制作方法 把所有的材料和冰倒入调酒器中摇和，然后倒入鸡尾酒杯。

法国廊酒 DOM 起源于 16 世纪法国诺曼底贝尼迪克特修道院的长寿秘酒。加入了各种香草和药草的独特风味，还加入了安高天娜苦精酒的苦味，形成了个性丰富的作品。

40 度	中辣口	摇和法
全日酒		鸡尾酒杯

小心"女性杀手"

Screwdriver
螺丝起子

材料

- 伏特加   45mL
- 橙汁   适量

制作方法 将所有材料放入加了冰的柯林杯中，兑和。

其由来是在灼热的伊朗油田工作的美国人用螺丝起子代替调酒棒，将伏特加和橙汁混合在一起饮用。虽然是像果汁一样的口感，但由于难以分辨酒精的浓度，所以也被称为让女性大醉的酒。

13 度	中口	兑和法
全日酒	柯林杯	

电影《鸡尾酒》中最性感的一杯

Sex on the Beach
激情海岸

材料

- 伏特加   15mL
- 哈密瓜利口酒   20mL
- 覆盆子酒   10mL
- 菠萝汁   80mL

制作方法 把所有的材料和冰都装入调酒器摇和，然后倒入装好冰的柯林杯中。也可以直接倒入玻璃杯里调和。

在汤姆·克鲁斯主演的电影《鸡尾酒》（1988 年）中，它仅在台词中出现却一举成名。水果系利口酒中甘甜的一款。

9 度	甜口	摇和法
全日酒	柯林杯	

充满热带风味的鸡尾酒

Chi-Chi

奇奇

材料

- 伏特加　　　　　　　　　30mL
- 菠萝汁　　　　　　　　　80mL
- 椰奶　　　　　　　　　　45mL

制作方法 将所有材料放入调酒器中加冰摇和，然后倒入装满冰的香槟杯或者大型的玻璃杯中。根据喜好可以装饰菠萝片、刺入酒签的马拉斯奇诺樱桃等。

奇奇是美国俚语中"潇洒""有型"的意思。像是夏威夷出产的鸡尾酒，南国风情十足。

8度	甜口	摇和法
全日酒	香槟杯（碟形）	

饭后也想来一杯的甜鸡尾酒

Barbara

芭芭拉

材料

- 伏特加　　　　　　　　　40mL
- 可可酒　　　　　　　　　20mL
- 鲜奶油　　　　　　　　　20mL

制作方法 把所有的材料和冰倒入调酒器中充分摇和，然后倒入鸡尾酒杯。

伏特加与可可酒充分摇和，使其口感变得柔和并有绵密的甜。加入鲜奶油后，会产生甜点一样的味道。以白兰地为基酒的话就变成了亚历山大（p.144）。

26度	甜口	摇和法
餐后	鸡尾酒杯	

红色宝石点缀的一杯酒

Panache

混合鸡尾酒

材料 ▶

■ 伏特加	35mL
■ 樱桃白兰地	15mL
■ 干味美思	25mL

制作方法 ▶ 把所有的材料都装入调酒器中摇和，斟进鸡尾酒杯。根据喜好用酒签刺入的马拉斯奇诺樱桃作为装饰。

　　干味美思与甜美的樱桃白兰地融合，产生醇厚带有层次的味道。还有用啤酒和柠檬汽水制作的同名的鸡尾酒，但是这个配方是很久以来就有的。

30 度	中甜口	摇和法
全日酒	鸡尾酒杯	

隐藏了伏特加味道的咖啡口味

Black Russian

黑俄罗斯

材料 ▶

■ 伏特加	40mL
■ 咖啡利口酒	20mL

制作方法 ▶ 将所有的材料倒入装满冰块的古典酒杯中。

　　这种鸡尾酒是 20 世纪 50 年代在比利时大都会酒店的酒吧发明的。不知不觉就会忘记伏特加的强烈的口感，只沉溺于咖啡利口酒所制造出的香味和浓烈的甜味。

33 度	中甜口	兑和法
全日酒	古典酒杯	

被冠以恶女之名的纯红色鸡尾酒

Bloody Mary
血腥玛丽

材料

■ 伏特加	45mL
■ 番茄汁	适量

制作方法 在放好冰块的平底玻璃杯里放入伏特加，加入番茄汁兑和。可以按照自己的喜好来加一根装饰棒状芹菜。

　　这个名字来源于恶名昭著的英格兰女王玛丽一世，她被称为"浑身是血的玛丽"。加入了棒状芹菜和柠檬，作为健康鸡尾酒非常受欢迎。

11 度	中口	兑和法
全日酒	平底玻璃杯	

仿佛是优雅起舞的红鹤

Flamingo Lady
火烈鸟女郎

材料

■ 伏特加	20mL
■ 桃子利口酒	20mL
■ 菠萝汁	20mL
■ 柠檬汁	10mL
■ 红石榴糖浆	1tsp.
■ 砂糖	适量

制作方法 在调酒器里放入砂糖以外的材料和冰块摇和，用红石榴糖浆（材料外）和砂糖雪花边饰调和，将调好的酒倒入装饰好的鸡尾酒杯。

　　用可爱的粉红色和红色的雪花边饰的装饰，让人联想到红鹤。桃子利口酒的丰润甜香深受女性喜爱。

16 度	中甜口	摇和法
全日酒	鸡尾酒杯	

清爽的感觉吹散星期一的忧郁

Blue Monday

蓝色星期一

材料

■ 伏特加	55mL
■ 白柑桂酒	25mL
■ 蓝柑桂酒	1tsp.

制作方法 ▶ 把所有的材料和冰倒入调酒器中摇和，然后倒入鸡尾酒杯。

　　周末晚上，就用这种鸡尾酒来消除"星期一的忧郁"吧。蓝柑桂酒中清爽的蓝色和白柑桂酒中柑橘类的清爽香味，让人忘记了忧郁的感觉。

39 度	中辣口	摇和法
餐前	鸡尾酒杯	

南国的蓝色大海尽收眼底

Blue Lagoon

蓝色泻湖

材料

■ 伏特加	30mL
■ 蓝柑桂酒	20mL
■ 柠檬汁	20mL

制作方法 ▶ 所有的材料和冰放入调酒器摇和，然后倒入放好裂冰的香槟杯。根据喜好装饰马拉斯奇诺樱桃和水果。

　　水果装饰出的华丽感觉，特别适合海边度假的时候喝。蓝柑桂酒的透明感和柠檬汁的酸味不论看起来还是喝着，都是清爽的鸡尾酒味道。

24 度	中口	摇和法
全日酒	香槟杯（碟形）	

用牛肉汤调制而成的鸡尾酒

Bull Shot
公牛子弹

材料

- 伏特加　　　　　　　　　45mL
- 牛肉汤　　　　　　　　　适量

制作方法　在调酒器中加入预先冰镇的牛肉汤和冰块摇和，然后倒在装有冰块的古典酒杯里。按照自己的喜好来装饰棒状芹菜。

该鸡尾酒使用了牛肉汤，所以是可以代替开胃汤的餐前酒。据说是 1953 年在美国底特律经营餐厅的格鲁巴兄弟发明的。

| 13 度 | 中口 | 摇和法 |
| 餐前 | 古典酒杯 | |

饱尝伏特加 × 柚子

Bulldog
牛头犬

材料

- 伏特加　　　　　　　30 ~ 45mL
- 葡萄柚汁　　　　　　　　适量

制作方法　将伏特加放入装满冰块的古典酒杯中，装满葡萄柚果汁兑和。

伏特加和葡萄柚汁的简单组合，能直接传达两种味道。如果增加雪花边饰的话，就是咸狗。别名是"无尾狗""猎犬（将尾巴插在腿间奔跑的狗）"。

| 11 度 | 中口 | 兑和法 |
| 全日酒 | 古典酒杯 | |

仿佛感受海风般惬意的一杯

Bay Breeze

海湾清风

材料 ▶

■ 伏特加	40mL
■ 菠萝汁	60mL
■ 蔓越莓汁	60mL

制作方法 ▶ 将所有材料加入放好冰的柯林杯中，兑和。

菠萝汁的丰润口感和水果的风味将伏特加的辛辣味包裹起来。蔓越莓汁让人联想到沉入大海的夕阳，在海风中享受着夕阳的自己，仿佛浮现在眼前。这款鸡尾酒在美国非常受欢迎。

10 度	中甜口	兑和法
全日酒	柯林杯	

让人感受到薄荷的清香和舒爽

White Spider

白蜘蛛

材料 ▶

■ 伏特加	55mL
■ 白薄荷酒	25mL

制作方法 ▶ 把所有的材料和冰倒入调酒器中摇和，然后倒入鸡尾酒杯。

把史汀格（p.144）的白兰地换成了无臭无味的伏特加。也被称为"伏特加·史汀格"。白薄荷酒的特点是清凉。每一口都能享受到清爽的刺激。

35 度	中甜口	摇和法
全日酒	鸡尾酒杯	

餐后想喝的冰咖啡风味

White Russian
白俄罗斯

材料

- 伏特加   40mL
- 咖啡利口酒   20mL
- 鲜奶油   适量

制作方法 在放好冰的古典酒杯中加入伏特加和咖啡利口酒，然后兑和，最后再放上鲜奶油的奶盖。

在伏特加中加入咖啡利口酒调制而成的"黑俄罗斯"的基础上，放上用鲜奶油制作的奶盖。仿佛是冰咖啡一样容易饮用，推荐在餐后饮用。

25度	甜口	兑和法
餐后	古典酒杯	

柑橘系的清爽可以解渴

Madras
马德拉斯

材料

- 伏特加   40mL
- 橙汁   60mL
- 蔓越莓汁   60mL

制作方法 在平底玻璃杯里放入冰块，加入所有的材料，兑和。

柑橘的清新味道，由于酒精度数低，特别适合在口渴时饮用。橙汁和蔓越莓汁的甜味和酸味恰到好处。蔓越莓汁为橙汁增添了色彩，变成了鲜艳的红色。

10度	中甜口	兑和法
全日酒	平底玻璃杯	

用美丽的色彩表现出白夜的太阳

Midnight Sun

午夜暖阳

材料

■ 芬兰伏特加	40mL
■ 蜜多丽	30mL
■ 橙汁	20mL
■ 柠檬汁	20mL
■ 红石榴糖浆	1tsp.
■ 苏打水	适量

制作方法 在调酒器中加入伏特加、蜜多丽、橙汁、柠檬汁和冰摇和。然后倒入玻璃杯中，倒满苏打水，轻轻摇和。最后在杯底注入红石榴糖浆。

以极昼看到的深夜太阳为形象制作的一杯咖啡。美丽的渐变代表了太阳照射出的光芒。

13 度	中甜口	摇和法
全日酒	柯林杯	

玻璃杯里堆满了粉雪的不灭的名作

Yukiguni

雪国

材料

■ 伏特加	55mL
■ 白柑桂酒	25mL
■ 青柠汁	2tsp.
■ 砂糖	适量
■ 薄荷樱桃	1 个

制作方法 把除砂糖以外的所有材料和冰倒入调酒器中摇和，然后倒入用砂糖制作的雪花边饰的鸡尾酒杯里。最后放入薄荷樱桃。

仿佛北方的雪景映入眼帘。1958 年由寿屋（现三得利）主办的比赛中获得冠军的作品。推荐一边喝一边用砂糖调整味道。

30 度	中甜口	摇和法
全日酒	鸡尾酒杯	

苦杏仁酒的清香和绵密的口感

Road Runner

爱情追逐者

材料

- 伏特加   40mL
- 苦杏仁酒   20mL
- 椰奶   20mL

制作方法 把所有的材料和冰倒入调酒器中摇和，然后倒入鸡尾酒杯。根据个人喜好撒上肉豆蔻。

　　爱情追逐者指的是生活在美国西南部，能在地上奔跑的叫作走鹃的鸟。与它野性的名字相反，苦杏仁酒和椰奶味柔和的口感搭配出宛若甜点的鸡尾酒。

27度	甜口	摇和法
餐后	鸡尾酒杯	

甜味和苦涩绝妙地融合在一起

Roberta

诺贝达

材料

- 伏特加   25mL
- 干味美思   25mL
- 樱桃白兰地   25mL
- 金巴利   1dash
- 香蕉利口酒   1dash

制作方法 把所有的材料和冰倒入调酒器中摇和，然后倒入鸡尾酒杯。

　　伏特加和干味美思的辣味以及水果系利口酒的醇厚甜度与金巴利独特的苦涩交错，搭配在一起更有酒劲。

27度	中甜口	摇和法
全日酒	鸡尾酒杯	

朗姆酒基酒

朗姆酒是诞生于加勒比海西印度群岛的烈酒。

使用甘蔗为原料，因此风味独特，根据发酵法和蒸馏法的不同，从淡到浓，风味和颜色都有所不同，增加了鸡尾酒的种类变化。

[目 录]

经典 朗姆酒 & 可乐组成的
清爽一杯

Cuba Libre
自由古巴

经典 朗姆酒基酒的
代表性鸡尾酒

Daiquiri
得其利

材料

■ 淡朗姆酒	45mL
■ 青柠汁	10mL
■ 可乐	适量

制作方法 在放入冰块的平底玻璃杯中倒入朗姆酒和青柠汁，倒满可乐后轻轻兑和。可以根据自己的喜好，将柠檬切片后泡在水里。

古巴独立战争时期生产的鸡尾酒。名字的由来是当时的口号 "¡Viva Cuba Libre！" (古巴的自由万岁！)。据说这是由一名支援独立战争的美国士兵把可乐和古巴产的朗姆酒混在一起而产生的。这款酒具有熟悉亲近的味道，清爽的口感。

材料

■ 白朗姆酒	60mL
■ 青柠汁	20mL
■ 砂糖	1tsp.

制作方法 把所有的材料和冰倒入调酒器中摇和，然后倒入鸡尾酒杯。

以古巴得其利矿山命名的鸡尾酒。这是以 19 世纪末在那里工作的美国矿山技师命名的。矿工们为了滋润干渴的喉咙，就开始在朗姆酒中加入青柠汁饮用。柑橘类的醇厚酸味更增加了朗姆酒芳醇的味道。

13 度	中口	兑和法
全日酒		平底玻璃杯

28 度	中辣口	摇和法
全日酒		鸡尾酒杯

经典　加勒比海盗喜爱的
鸡尾酒

Mojito
莫吉托

材料

■ 白朗姆酒	40mL
■ 青柠汁	10mL
■ 砂糖	1tsp.
■ 苏打水	适量
■ 薄荷	适量

制作方法 平底玻璃杯里放入薄荷和砂糖，用调酒长匙把薄荷捣碎。放满碎冰，然后加满白朗姆酒和青柠汁。

　　将捣碎的薄荷叶用苏打水浸泡，这是古巴发明的鸡尾酒。据说是 16 世纪左右在加勒比海大显身手的海盗们喝的酒。

23 度	中口	兑和法
全日酒	平底玻璃杯	

充满自信的最佳鸡尾酒

X.Y.Z

XYZ

材料

- 白朗姆酒   40mL
- 白柑桂酒   20mL
- 柠檬汁   20mL

制作方法 把所有的材料和冰倒入调酒器中摇和，然后倒入鸡尾酒杯。

用英文字母的最后 3 个字母命名，含有"没有比这更经典的鸡尾酒的了"的意思。白朗姆酒中加入白柑桂酒和柠檬汁，组成了柑橘类的不腻的味道。

30 度	中辣口	摇和法
全日酒	鸡尾酒杯	

圣诞节的经典味道

Eggnog

蛋奶酒

材料

- 朗姆酒   30mL
- 白兰地   15mL
- 牛奶   适量
- 蛋黄   1 个
- 糖浆   15mL

制作方法 热饮杯中放入蛋黄和糖浆混合，加入朗姆酒和白兰地兑和，兑和的同时倒满牛奶。

这是一种与朗姆酒相配的使用牛奶的鸡尾酒。在美国圣诞节和新年喝的比较多。口感纯净光滑。

9 度	中口	兑和法
餐后	热饮杯	

甜瓜 & 青柠的夏日风味

Green Eyes

绿眼睛

材料

■ 金色朗姆酒	30mL
■ 哈密瓜利口酒	25mL
■ 菠萝汁	45mL
■ 椰奶	15mL
■ 青柠汁	15mL

制作方法 将所有的材料和 1 杯的裂冰加入搅拌机中搅和，然后倒入香槟杯。可以根据喜好装饰上青柠片。

　　以朗姆酒为基酒，一杯带有哈密瓜酒的香味和色彩的鸡尾酒。热带的风格和青柠的酸味，使人心情爽快。

13 度	甜口	搅和法
全日酒	香槟杯（碟形）	

沉醉于朗姆酒的历史

Columbus

哥伦布

材料

■ 金色朗姆酒	35mL
■ 杏子白兰地	20mL
■ 柠檬汁	20mL

制作方法 把所有的材料和冰倒入调酒器中摇和，然后倒入鸡尾酒杯。

　　朗姆酒是以发源于西印度群岛的甘蔗为原料的蒸馏酒。据说是哥伦布将甘蔗带到了西印度群岛后才可以制作朗姆酒。朗姆酒和白兰地的浓郁同柠檬的味道融合在一起。

26 度	中口	摇和法
全日酒	鸡尾酒杯	

展现出复杂的文化和历史的独特风味

Shanghai

上海

材料

牙买加朗姆酒	40mL
茴香酒	10mL
柠檬汁	30mL
红石榴糖浆	2dash

制作方法 把所有的材料和冰倒入调酒器中摇和，然后倒入鸡尾酒杯。

由于鸦片战争后，上海被称为"魔都"。茴香酒弥漫着香草和草药的香气，茴香和牙买加朗姆酒浓厚的味道酝酿出了异国情调的风味。魅惑的颜色妖艳耀眼。

23度	中口	摇和法
全日酒		鸡尾酒杯

明朗得像在天上飞

Sky Diving

跳伞

材料

白朗姆酒	35mL
蓝柑桂酒	25mL
青柠汁	15mL

制作方法 把所有的材料和冰倒入调酒器中摇和，然后倒入鸡尾酒杯。

清澈美丽的蓝天，用蓝柑桂酒来表现。些微的甜味和苦味，与青柠的清爽香味很搭。好像在天空中飞一样的感觉。

28度	中辣口	摇和法
全日酒		鸡尾酒杯

夏威夷柑橘类鸡尾酒

Scorpion

天蝎座

材料 ▶

■ 白朗姆酒	45mL
■ 白兰地	30mL
■ 橙汁	20mL
■ 柠檬汁	20mL
■ 青柠汁	15mL

制作方法 ▶ 将所有的材料和冰都装入调酒器中进行摇和，然后把它倒入装满冰的高脚杯中。根据喜好可以用马拉斯奇诺樱桃进行装饰。

据说意思是"蝎"的名字来源于11月的星座。3种柑橘类植物能让朗姆酒和白兰地失去酒精的感觉。

23度	中甜口	摇和法
全日酒		高脚杯

柑橘类的清爽感可以解渴

Nevada

内华达

材料 ▶

■ 白朗姆酒	40mL
■ 青柠汁	10mL
■ 葡萄柚汁	10mL
■ 砂糖	1tsp.
■ 安高天娜苦精酒	1dash

制作方法 ▶ 把所有的材料和冰倒入调酒器中摇和，然后倒入鸡尾酒杯。

内华达是美国西部一个州的名字。世界最大的娱乐之都拉斯维加斯就在这里，是内华达州的沙漠赌城。朗姆酒的辣味、青柠和葡萄柚的酸味是绝妙的搭配。

25度	中辣口	摇和法
全日酒		鸡尾酒杯

因判决而出名的鸡尾酒

Bacardi Cocktail
百加得鸡尾酒

材料 ▶

■ 百加得朗姆酒	60mL
■ 柠檬汁	20mL
■ 红石榴糖浆	1tsp.

制作方法 ▶ 把所有的材料和冰倒入调酒器中摇和，然后倒入鸡尾酒杯。

　　这是百加得公司为了营销推出的鸡尾酒。1936 年美国大法院做出了"这种鸡尾酒必须使用百加得朗姆酒"的判决。

28 度	中口	摇和法
全日酒	鸡尾酒杯	

品味海滩度假的心情

Habana Beach
哈瓦那海滩

材料 ▶

■ 白朗姆酒	40mL
■ 菠萝汁	40mL
■ 糖浆	1dash

制作方法 ▶ 把所有的材料和冰倒入调酒器中摇和，然后倒入鸡尾酒杯。

　　古巴首都哈瓦那是加勒比海最大的城市。这种鸡尾酒也表现了阳光灿烂的海滩度假区的欢快氛围。朗姆酒和菠萝汁打造出热带的感觉，些许的甘甜会更好喝一些。

19 度	中口	摇和法
全日酒	鸡尾酒杯	

水果丰盛的鸡尾酒

Pina Calada

椰林飘香

材料

■ 白朗姆酒	30mL
■ 菠萝汁	80mL
■ 椰奶	30mL

制作方法 将所有的材料和冰倒入调酒器中摇和，然后倒入装满裂冰的古典酒杯里。根据自己的喜好来装饰水果。

在西班牙语中，热带鸡尾酒的意思是"长满菠萝的山坡"。有不太能喝酒的人也可以轻松饮下的醇厚风味。如果把白朗姆酒换成伏特加，就会变成奇奇（p.95）。

9 度	甜口	摇和法
全日酒	古典酒杯	

在浪漫的夜晚适合喝的优质的辣口鸡尾酒

Black Devil

黑魔鬼

材料

■ 白朗姆酒	50mL
■ 干味美思	30mL
■ 黑橄榄	1 个

制作方法 在混酒杯里放入白朗姆酒、干味美思和冰块进行调和，斟入鸡尾酒杯。将插在酒签上的黑橄榄放入杯中。

在白朗姆酒中加入干味美思便增加了辣味，是酒精浓度较高的一款酒。令人联想起"黑色恶魔"的黑色橄榄放入酒中，看起来就很酷。

33 度	辣口	调和法
餐前	鸡尾酒杯	

再现夏威夷美丽的大海和天空

| Blue Hawaii

蓝色夏威夷

材料 ▶

■ 白朗姆酒	30mL
■ 蓝柑桂酒	15mL
■ 菠萝汁	30mL
■ 柠檬汁	15mL

制作方法 ▶ 将所有的材料和冰倒入调酒器中摇和，然后倒入装满裂冰的古典酒杯。根据自己的喜好来装饰水果。

用蓝柑桂酒来表现夏威夷的蓝色大海和天空。菠萝汁和柠檬汁浓郁的风味，让人联想到南国的海滩。

17度	甜口	摇和法
全日酒	古典酒杯	

清凉的果子鸡尾酒

| Frozen Diquiri

冰冻得其利

材料 ▶

■ 白朗姆酒	40mL
■ 黑樱桃酒	1tsp.
■ 青柠汁	10mL
■ 糖浆	1tsp.

制作方法 ▶ 将所有的材料和1杯裂冰放入搅拌机中搅匀，变成冰沙状之后倒入香槟杯。按照自己的喜好来装饰薄荷叶。

生活在哈瓦那的海明威在配方中去掉糖浆后，加入了双倍的朗姆酒，他更喜欢这个配方。充满青柠清凉感的一款酒。

26度	中口	搅和法
全日酒	香槟杯（碟形）	

生姜的辣味越明显越好

Boston Cooler
波士顿酷乐

材料

- 白朗姆酒 45mL
- 柠檬汁 20mL
- 砂糖 .... 1tsp.
- 姜汁汽水 .... 适量

制作方法 将白朗姆酒、柠檬汁、砂糖和冰放入调酒器中摇和，然后倒入放入冰块的柯林杯中。加满姜汁汽水，轻轻调和。

在较淡的白朗姆酒中加入柠檬汁的酸味，加上与朗姆酒口味相合的姜汁汽水，口感极佳。

13 度	中口	摇和法
全日酒		柯林杯

加勒比海度假胜地的味道

Miami
迈阿密

材料

- 淡朗姆酒 55mL
- 薄荷酒（白色） 25mL
- 柠檬汁 .... 1/2tsp.

制作方法 把所有的材料和冰倒入调酒器中摇和，然后倒入鸡尾酒杯。

佛罗里达旅游城市迈阿密是世界首屈一指的海滨度假胜地。以这个名字命名的鸡尾酒是乳白色的，让人想起美丽的沙滩和浪花，散发着柠檬香气，非常清爽。口感温和爽口容易入口。

37 度	中口	摇和法
全日酒		鸡尾酒杯

精心装饰水果的鸡尾酒

Mai-Tai
迈泰

材料 ▶

■ 白朗姆酒	45mL
■ 白柑桂酒	1tsp.
■ 菠萝汁	2tsp.
■ 橙汁	2tsp.
■ 柠檬汁	1tsp.
■ 黑朗姆酒	2tsp.

制作方法 ▶ 在调酒器里放入黑朗姆酒以外的材料兑和。倒入装满冰的玻璃杯，然后在上层倒入黑朗姆酒。装饰水果。

迈泰在玻利尼西亚语中是"最高"的意思。其特点是堪称热带鸡尾酒之王的豪华装饰。

18 度	中甜口	兑和法
全日酒	古典酒杯	

严肃又具有厚重感的奢华氛围

Millionaire
百万富翁

材料 ▶

■ 白朗姆酒	20mL
■ 慢金酒	20mL
■ 杏子白兰地	20mL
■ 青柠汁	20mL
■ 红石榴糖浆	1dash

制作方法 ▶ 把所有的材料和冰倒入调酒器中摇和，然后倒入鸡尾酒杯。

名为"百万富翁"的鸡尾酒。浆果系列的慢金酒和杏子白兰地恰到好处地搭配，散发出浓郁的甜香。

22 度	中甜口	摇和法
餐后	鸡尾酒杯	

最后的吻温柔又热辣

Last Kiss
最后之吻

材料

■ 白朗姆酒	50mL
■ 白兰地	15mL
■ 柠檬汁	10mL

制作方法 把所有的材料和冰倒入调酒器中摇和，然后倒入鸡尾酒杯。

味道强烈的朗姆酒将白兰地和柠檬汁的酸味衬托出来。正如"最后之吻"这个名字，这款酒有着苦涩的辣味。酒精含量高，是为了逝去的恋情余韵干杯的最佳一杯。

37 度	中辣口	摇和法
餐前		鸡尾酒杯

让心灵放松的碳酸

Rum Collins
朗姆酒柯林

材料

■ 白朗姆酒	60mL
■ 柠檬汁	20mL
■ 糖浆	2tsp.
■ 苏打水	适量

制作方法 将白朗姆酒、柠檬汁、糖浆放入装有冰块的柯林杯，兑和。然后装满苏打水，轻轻调和。根据喜好放入青柠块。

"柯林"是 19 世纪中期伦敦传说中的服务生。朗姆酒与柠檬、苏打水配合，爽口易饮。

13 度	中辣口	兑和法
全日酒		柯林杯

鸡尾酒达人严选鸡尾酒款 1

介绍鸡尾酒达人一定会想了解的鸡尾酒款。

刺激性的味道会让你倒下！

Knockout
击倒

材料

■ 千金酒	25mL
■ 干味美思	25mL
■ 潘诺茴香酒	25mL
■ 白薄荷酒	1tsp.

制作方法 把所有的材料和冰都放进调酒器里摇和，然后倒入玻璃杯里。

由苦艾酒改良而成的潘诺茴香酒和薄荷的组合非常刺激。这是为了纪念 1927 年在世界重量级拳击比赛中击败杰克·登普西的吉内·滕尼而创作的。注意不要被击倒。

35 度	辣口	摇和法
全日酒	鸡尾酒杯	

爱的谣言就是用这款鸡尾酒传向全世界的

La Rumeur
谣言

材料

■ 龙舌兰	30mL
■ 柠檬利口酒	20mL
■ 百香果利口酒	15mL
■ 紫罗兰酒	15mL
■ 橄榄	1 个

制作方法 将除橄榄以外的材料摇和，倒进鸡尾酒杯里。把橄榄插上酒签放入杯中。

在法语中是"谣言"的意思。为鸡尾酒颜色做出贡献的紫罗兰酒也叫"完美的爱人（perfect lover）"。

31 度	中甜口	摇和法
全日酒	鸡尾酒杯	

体验 3 种饮用方法

Whisky Float

悬浮威士忌

材料 ▶

■ 威士忌	45mL
■ 矿泉水	适量

制作方法 ▶ 往装冰的玻璃杯里倒入七分满矿泉水。沿着勺子的背面轻轻地倒入威士忌。

矿泉水和威士忌分层的鸡尾酒非常好看。威士忌的比重比水还轻，因此可以形成 2 层。用一杯就能享受直饮、兑水、饮淡酒后饮用（chaser）等喝酒方式。

14 度	辣口	兑和法
全日酒	古典酒杯	

温热酒款也好喝

Brandy Egg Nog

白兰地蛋诺

材料 ▶

■ 白兰地	30mL
■ 黑朗姆酒	15mL
■ 鸡蛋	1 个
■ 砂糖	2tsp.
■ 牛奶	适量

制作方法 ▶ 在调酒器里放入牛奶以外的材料和冰块摇和，然后倒入装有冰块的大玻璃杯中。倒入牛奶，轻轻调和。

作为圣诞节饮料喝的季节性鸡尾酒。鸡蛋和牛奶的醇厚甜味很容易接受。酒精度数很低。

12 度	中口	摇和法
全日酒	平底玻璃杯	

龙舌兰基酒

　　龙舌兰是一种以墨西哥特定地区生产的蓝色龙舌兰为原料制作，具有清晰风味的蒸馏酒。

　　与柑橘类和薄荷等清爽的食材很搭，南国风味的酒款一应俱全。

[目 录]

Tequila Sunrise
龙舌兰日出

Mockingbird
龙舌兰反舌鸟

材料	
龙舌兰	45mL
▪ 橙汁	90mL
▪ 红石榴糖浆	2tsp.

制作方法 在放入冰块的柯林杯里放入龙舌兰、橙汁，轻轻兑和。将红石榴糖浆沿着调酒棒缓慢地倒入杯底。

这款鸡尾酒将红石榴糖浆看作太阳，将橙汁看作布满朝霞的天空。因为到墨西哥的"米克扎格"访问后喜欢上这款酒，所以在各地都点了这款鸡尾酒，而使这款酒闻名世界。

材料	
龙舌兰	40mL
▪ 绿薄荷酒	20mL
▪ 青柠汁	20mL

制作方法 把所有的材料和冰倒入调酒器中摇和，然后倒进冰镇的鸡尾酒杯中。

特征是鲜艳的绿色，清新的薄荷香味让人心情愉快。龙舌兰反舌鸟是模仿其他鸟叫声的鸟，在美国南部到墨西哥一带生存，与墨西哥产的龙舌兰有关，因此得名。

13 度	中口	兑和法
全日酒		柯林杯

25 度	中口	摇和法
全日酒		鸡尾酒杯

经典　献给恋人的泪水的
　　　鸡尾酒

Margarita
玛格丽特

材料

龙舌兰	40mL
白柑桂酒	20mL
青柠汁	20mL
盐	适量

制作方法　将除了盐以外的材料和冰摇和，
倒入用盐制作的雪花边饰。

　　关于名字由来，最有力的说法是选
用了作者让·杜蕾莎年轻时就去世的恋
人的名字。他入选了 1949 年在美国举
办的全国鸡尾酒大赛。

30 度	中辣口	摇和法
全日酒	鸡尾酒杯	

营造和谐的场面的清爽

Ice-Breaker

破冰船

材料 ▶

■ 龙舌兰	30mL
■ 白柑桂酒	20mL
■ 葡萄柚汁	30mL
■ 红石榴糖浆	1tsp.

制作方法 ▶ 把所有的材料和冰倒入调酒器中摇和，然后倒入装满冰的古典酒杯。

意思是"破冰船""破冰机"。白柑桂酒和葡萄柚汁所带来的清新口感，可以缓解紧张的心情，消除一切沉闷的气氛。

20 度	中口	摇和法
全日酒		古典酒杯

橙汁的鸡尾酒大使

Ambassador

皇家大使

材料 ▶

■ 龙舌兰	45mL
■ 橙汁	适量
■ 糖浆	1tsp.

制作方法 ▶ 在放入冰块的柯林杯里放入龙舌兰和糖浆。加满橙汁，使用调和法调制。根据喜好用橙子片和马拉斯奇诺樱桃装饰。

这款饮品的配方是将龙舌兰日出（p.122）的红石榴糖浆换成普通糖浆，更加突出了橙汁的味道，喝起来更清爽。

11 度	中口	调和法
全日酒		柯林杯

红色魅惑的酒杯是恶魔的低语

El Diablo

暗黑恶魔

材料 ▶

▪ 龙舌兰	30mL
▪ 黑加仑酒	15mL
▪ 姜汁汽水	适量
▪ 青柠	1/2 个

制作方法 ▶ 在放入冰块的平底玻璃杯中倒入龙舌兰酒和黑加仑酒，挤一下青柠，放入杯中。加满姜汁汽水，轻轻调和。

　　因为颜色让人联想到血的颜色，就用西班牙语命名为"暗黑恶魔"。黑加仑的酸味与姜汁汽水混合在一起。

11 度	中口	兑和法
全日酒	平底玻璃杯	

充满着名牌香味的高级鸡尾酒

Grand Marnier Margarita

柑曼怡·玛格丽特

材料 ▶

▪ 龙舌兰	35mL
▪ 柑曼怡	20mL
▪ 柠檬汁	20mL
▪ 盐	适量

制作方法 ▶ 把盐以外的材料和冰装进调酒器摇和。盐中斯诺风格鸡尾微颤。

　　将玛格丽特（p.123）的白柑桂酒用柑曼怡来代替制作而成的鸡尾酒。柑曼怡由于其丰富的香气被称作名品。

30 度	中口	摇和法
全日酒	鸡尾酒杯	

像女性那样的细腻和可爱

Conchita

椰子龙舌兰

材料

■ 龙舌兰	35mL
■ 葡萄柚汁	25mL
■ 柠檬汁	15mL

制作方法 把所有的材料和冰倒入调酒器中摇和，然后倒入鸡尾酒杯。

椰子龙舌兰（Conchita），借用西班牙语中女性的名字。"-ita"是女性名词的词尾，有"小的""可爱的"的意思。果香和醇厚的色彩，正如其名，可以说是极具女性色彩的一款。

20 度	中口	摇和法
全日酒	鸡尾酒杯	

令人联想到美丽的花的一款酒

Cyclamen

仙客来

材料

■ 龙舌兰	35mL
■ 橘柑桂酒	15mL
■ 橙汁	15mL
■ 柠檬汁	15mL
■ 红石榴糖浆	1tsp.

制作方法 把红石榴糖浆以外的所有材料都摇匀。倒在鸡尾酒杯里，洒下红石榴糖浆。根据个人喜好挤一下柠檬做果皮增香。

从橙色到红色的渐变让人联想起仙客来的花。柑橘类的香味和红石榴糖浆的甜味，使得味道也很丰富。

22 度	中甜口	摇和法
全日酒	鸡尾酒杯	

轻松品尝龙舌兰的风味

Salty Bull

咸公牛

材料

■ 龙舌兰	45mL
■ 葡萄柚汁	适量
■ 盐	适量

制作方法 在用盐做好雪花边饰的古典酒杯中放入冰块，注入龙舌兰。加满葡萄柚汁，使用调和法。

将咸狗（p.87）的伏特加改为龙舌兰，就变成了咸公牛。龙舌兰和葡萄柚汁的简单组合，适合想要细细品味龙舌兰的人。

10 度	中口	调和法
全日酒	古典酒杯	

像夕阳一样润泽一天的结束

Tequila Sunset

龙舌兰日落

材料

■ 龙舌兰	30mL
■ 柠檬汁	30mL
■ 红石榴糖浆	1tsp.

制作方法 将所有的材料和 3/4 杯左右的裂冰搅和均匀，注入碟形香槟杯。根据喜好装饰切片柠檬和薄荷的叶子，也可以放入汤匙（或吸管）。

比起被比作朝霞的龙舌兰日出（p.122），这款以黄昏的太阳为背景调制的鸡尾酒，粉色让人联想到夕阳映照下的大海。

5 度	中口	搅和法
全日酒	香槟杯（碟形）	

让身心冷静下来

Frozen Margarita

冰冻风格·玛格丽特

材料

■ 龙舌兰	30mL
■ 白柑桂酒	15mL
■ 青柠汁	15mL
■ 砂糖	1tsp.
■ 盐	适量

制作方法 将盐以外的材料和1杯裂冰放入搅拌机中搅匀，然后倒入用盐做好雪花边饰的香槟杯（碟形）中。

冰冻风格的玛格丽特（p.123）。冰沙状的青柠带来冰冷的味道让被爱情点燃的心和身体平静下来。

10度	中口	搅和法
全日酒	香槟杯（碟形）	

充满斗牛士热情的鸡尾酒

Matador

斗牛士

材料

■ 龙舌兰	30mL
■ 菠萝汁	45mL
■ 青柠汁	15mL

制作方法 把所有的材料和冰放进调酒器摇和。倒在加冰的古典酒杯里。

这款酒是斗牛士中给牛致命一击的主角级的斗牛士。厚重的龙舌兰配上菠萝汁和青柠汁，最后的味道是清爽的。让人联想到内藏的热情却有着令人着迷的冷酷脸的斗牛士。

12度	中甜口	摇和法
全日酒	古典酒杯	

突出龙舌兰的历史悠久的鸡尾酒

Mexican
墨西哥人

材料 ▶

■ 龙舌兰	40mL
■ 菠萝汁	40mL
■ 红石榴糖浆	1dash

制作方法 ▶ 把所有的材料和冰倒入调酒器中摇和，然后倒入鸡尾酒杯。

　　这是萨沃伊酒店的著名调酒师哈里·克拉多克调制的鸡尾酒。他是鸡尾酒经典之作的作者。突出龙舌兰风味的味道，让人有墨西哥的感觉。

17度	中口	摇和法
全日酒	鸡尾酒杯	

让人联想到宣告一天开始的朝阳

Rising Sun
旭日东升

材料 ▶

■ 龙舌兰	35mL
■ 荨麻酒（黄色）	25mL
■ 青柠汁	15mL
■ 马拉斯奇诺樱桃	1 个
■ 慢金酒	1tsp.
■ 盐	适量

制作方法 ▶ 将马拉斯奇诺樱桃之外的材料摇和，倒入用盐制作的雪花边饰的玻璃杯中。放入一颗马拉斯奇诺樱桃，静置等待慢金酒沉下来。

　　樱桃就像宣告一日之始的朝阳一样。在厨师法实施10周年纪念竞赛中获得了厚生大臣奖。

31度	中辣口	摇和法
全日酒	鸡尾酒杯	

威士忌基酒

世界五大威士忌有爱尔兰威士忌、苏格兰威士忌、加拿大威士忌、美国威士忌、日本威士忌。

味道和风味各有特点，使用不同的威士忌，鸡尾酒的味道也不同。

虽然在配方上有指定，但是可以根据自己的喜好来选择。

[目 录]

Rusty Nail
锈钉

Old Fashioned
古典

材料

苏格兰威士忌	30mL
杜林标酒	30mL

制作方法 将苏格兰威士忌和杜林标酒倒进装满冰块的古典酒杯中，轻轻地兑和。

锈钉就是"生锈的钉子"的意思。在苏格兰威士忌中加入各种香草味的杜林标酒，是有着深厚历史的利口酒，曾经被称为是王室的秘酒。威士忌的芳醇香味和杜林标酒的甘甜令人回味。

37 度	甜口	兑和法
餐后	古典酒杯	

材料

波本威士忌	45mL
安高天娜苦精酒	2dash
方糖	1 个

制作方法 在古典酒杯里放入方糖，浸染安高天娜苦精酒。放入冰块，注入威士忌。根据喜好装饰橙子切片、马拉斯奇诺樱桃等。

这是美国最著名的肯塔基德比的举办地路易斯维尔的调酒师设计的。倒在玻璃杯里的方糖泡在安高天娜苦精酒中，可以通过方糖的溶化程度来调节味道。

32 度	中辣口	兑和法
全日酒	古典酒杯	

经典 深受全世界粉丝
喜爱的高贵女王

Manhattan
曼哈顿

材料

黑麦威士忌	60mL
甜味美思	20mL
安高天娜苦精酒	1dash

制作方法 用放入冰块的混酒杯兑和所有的材料，然后斟进鸡尾酒杯。根据喜好用刺上酒签的马拉斯奇诺樱桃来装饰。

被称为"鸡尾酒女王"，从 19 世纪开始在全世界范围内受到欢迎。由来众说纷纭，其中之一是前英国首相丘吉尔的母亲在曼哈顿俱乐部举行的第 19 届美国总统选举的助威聚会上提议创作的。

37 度	甜口	兑和法
餐后	古典酒杯	

威士忌和咖啡香味的共同出演

Irish Coffee
爱尔兰咖啡

材料

■ 爱尔兰威士忌	30mL
■ 砂糖	1tsp.
■ 热咖啡	适量
■ 鲜奶油	适量

制作方法 热饮时加入砂糖，倒入七分满的热咖啡，再加入爱尔兰威士忌轻轻兑和。最后盖上鲜奶油的奶盖（搅在一起也可以）。

这是 20 世纪 40 年代后期爱尔兰机场内的调酒师设计的。据说是为了温暖乘客的身体而提供的。威士忌和咖啡的香味温暖人心。

5 度	中甜口	兑和法
餐后		热饮杯

酸味和甜味的平衡很棒

Whiskey Sour
威士忌酸

材料

■ 黑麦威士忌	45mL
■ 柠檬汁	20mL
■ 砂糖	1tsp.

制作方法 把所有的材料和冰倒入调酒器中摇和，然后倒入酸味鸡尾酒杯。

有时也用烧酒来制作酸鸡尾酒。正确的配方是在蒸馏酒中加入柑橘汁和砂糖。其中威士忌酸是酸鸡尾酒的代表。

24 度	中辣口	摇和法
全日酒		酸味鸡尾酒杯

威士忌和苏打水的轻松一杯

Whiskey Soda
威士忌苏打（高球）

材料

- 黑麦威士忌   45mL
- 苏打水   适量

制作方法 在加了冰的平底玻璃杯里倒入黑麦威士忌。加满冰镇的苏打水，轻轻兑和。

关于"高球"的由来众说纷纭，有一种很有名的说法是，高尔夫球场发射的球会飞到喝"威士忌苏打"的人身边。在日本把这个叫作"高球"的情况比较多，指的是将软饮料加入所有饮品中。

13 度	辣口	兑和法
全日酒	平底玻璃杯	

玻璃杯表面的水珠带来凉爽

Whisky Mist
威士忌之雾

材料

- 黑麦威士忌   60mL
- 柠檬·果皮增香   1 枚

制作方法 将黑麦威士忌和冰块放入调酒器中摇和，连同冰块一起倒进古典酒杯里。挤一下柠檬进行果皮增香（也有在放满裂冰的玻璃杯中加入威士忌的配方）。

将裂冰与威士忌一起倒进玻璃杯里，表面出现细小的水滴。因为看上去像雾，所以起了这个名字。

40 度	辣口	摇和法
全日酒	古典酒杯	

浓厚而复杂的私语

Whisper
私语

材料

■ 苏格兰威士忌	25mL
■ 干味美思	25mL
■ 甜味美思	25mL

制作方法 把所有的材料和冰倒入调酒器中摇和，然后倒进冰镇的鸡尾酒杯中。

Whisper 的意思是"私语"，也有"传言""密告"的意思。味道是辣口苏格兰威士忌和干味美思，还有甜味美思的复杂的组合。

24 度	中口	摇和法
全日酒	鸡尾酒杯	

想在阳光下喝的鲜艳的鸡尾酒

California Lemonade
加州柠檬

材料

■ 波本威士忌	45mL
■ 柠檬汁	20mL
■ 青柠汁	10mL
■ 红石榴糖浆	1tsp.
■ 砂糖	1tsp.
■ 苏打水	适量

制作方法 把苏打水以外的材料摇和，倒入柯林杯里。放入冰块，加满苏打水轻轻调和。

让人联想到加利福尼亚太阳的美国本土鸡尾酒。建议使用威士忌的话可选择波本、加拿大人等。

10 度	中口	摇和法
全日酒	柯林杯	

品尝波本独特的风味

Kentucky

肯塔基

材料

- 波本威士忌　　　　　　　　50mL
- 菠萝汁　　　　　　　　　　30mL

制作方法 把所有的材料和冰倒入调酒器中摇和，然后倒进冰镇的鸡尾酒杯中。

　　这是与波本威士忌的发祥地波本郡所在的肯塔基州有关的鸡尾酒。菠萝汁的甜味和酸味使饮用更加顺口，再加上波本威士忌的醇厚香味。口感柔和容易入口。

25 度	中甜口	摇和法
全日酒	鸡尾酒杯	

和电影一样描绘出意大利的鸡尾酒

God-father

教父

材料

- 黑麦威士忌　　　　　　　　45mL
- 苦杏仁酒　　　　　　　　　15mL

制作方法 将所有的材料放入装有冰块的古典酒杯中进行兑和。

　　这是在弗朗西斯·福特·科波拉导演的《教父》公映的 1972 年创作的。这是一部描写生活在美国的意大利黑手党世界的电影，鸡尾酒用的是意大利产的利口酒——苦杏仁酒。

34 度	中甜口	兑和法
餐后	古典酒杯	

John Collins

约翰柯林

材料

■ 黑麦威士忌	35mL
■ 柠檬汁	20mL
■ 砂糖	2tsp.
■ 苏打水	适量

制作方法 柯林杯加冰后加入除苏打水以外的材料，采用调和法。加满苏打水后调和。根据喜好装饰切片柠檬和马拉斯奇诺樱桃。

传说中的调酒师，约翰柯林创作的鸡尾酒。当初是使用金酒，但现在金酒基酒的酒款叫作汤姆柯林，威士忌基酒的酒款称作约翰柯林。

14 度	中口	调和法
全日酒	柯林杯	

美国出生的威士忌

New York

纽约

材料

■ 黑麦威士忌或者波本威士忌	60mL
■ 青柠汁	20mL
■ 红石榴糖浆	1/2tsp.
■ 砂糖	1tsp.

制作方法 把所有的材料和冰倒入调酒器中摇和，然后倒入鸡尾酒杯。根据个人喜好挤一下橙子进行果皮增香。

用纽约的昵称"大苹果"命名的红色鸡尾酒。基酒是发祥于美国的黑麦威士忌或波本威士忌。

28 度	中口	摇和法
全日酒	鸡尾酒杯	

想象出高地的群山

Highland Cooler
高地酷乐

材料 ▶

■ 苏格兰威士忌	45mL
■ 柠檬汁	15mL
■ 砂糖	1tsp.
■ 安高天娜苦精酒	2dash
■ 姜汁汽水	适量

制作方法 ▶ 将姜汁汽水以外的材料摇和后倒入柯林杯里。加入冰块后，加入姜汁汽水，轻轻调和。根据个人喜好加入切好的柠檬。

柠檬汁和姜汁汽水的爽快感，可以让人感受到苏格兰高地的高山地带的空气。

13 度	中口	摇和法
全日酒	柯林杯	

用醇厚的香味诱惑喝的人

Hunter
猎人

材料 ▶

■ 黑麦威士忌	60mL
■ 樱桃白兰地	20mL

制作方法 ▶ 用加冰的混酒杯调和所有材料，盖上滤酒器倒进鸡尾酒杯。

名为猎人的鸡尾酒，其特征是威士忌与樱桃白兰地的浓郁组合。被樱桃白兰地的甘甜所吸引，但是酒精含量很高。不要被猎人的高酒精度数击倒。

32 度	甜口	调和法
全日酒	鸡尾酒杯	

利口酒和苏格兰威士忌香气的美味

Benedict

贝尼迪克特

材料

■ 苏格兰威士忌	30mL
■ 法国廊酒	30mL
■ 姜汁汽水	适量

制作方法 在装满冰块的古典酒杯中倒入苏格兰威士忌和法国廊酒，采用调和法。加满姜汁汽水，轻轻调和。

使用 27 种香草制成的法国廊酒被称为世界上最古老的药草类利口酒。可以尝到苏格兰威士忌和法国廊酒演奏出的韵味。

16 度	中甜口	调和法
餐后	古典酒杯	

丁香的功效温暖冰冷的身体

Hot Whisky Toddy

热威士忌托地

材料

■ 黑麦威士忌	45mL
■ 角砂糖	1 个
■ 热水	适量
■ 柠檬片	1 枚
■ 丁香	2～3 粒

制作方法 在热饮杯里放入黑麦威士忌和角砂糖，然后加满热水。放入柠檬片和丁香。可以根据自己的喜好添加肉桂棒。

这种在酒里加入水或热水，再加入砂糖的风格叫作"托地"。喝威士忌托地时放入柠檬片，会更加顺口。

10 度	中口	兑和法
全日酒	热饮杯	

想在盛夏的太阳下享受

Miami Beach
迈阿密海滩

材料

■ 黑麦威士忌	25mL
■ 干味美思	25mL
■ 葡萄柚汁	25mL

制作方法 把所有的材料和冰倒入调酒器中摇和，然后倒入鸡尾酒杯。

使用干味美思和葡萄柚汁，清新又有热带风味。点单时要准确传达，以免被误认为是朗姆酒的迈阿密。

18 度	中口	摇和法
全日酒	鸡尾酒杯	

清爽的夏日鸡尾酒

Mint Julep
薄荷茱莉普

材料

■ 波本威士忌	60mL
■ 砂糖	2tsp.
■ 水（或者苏打水）	2tsp.
■ 薄荷叶	10～15 片

制作方法 在平底玻璃杯里放入薄荷叶、砂糖、水（或苏打水），一边捣碎薄荷叶一边磨。装上冰，倒入波本威士忌，充分地兑和。装饰薄荷的叶子和吸管。

茱莉普是流传于美国南部的混合饮料。作为肯塔基德比的正式饮料广为人知。

29 度	中辣口	兑和法
全日酒	平底玻璃杯	

白兰地基酒

　　白兰地独有的芳醇香味和细腻的口感，除了葡萄、苹果和樱桃等口味外，还可以用各种各样的水果制成。

　　白兰地基酒的鸡尾酒，能激发酒质相应品质的味道。

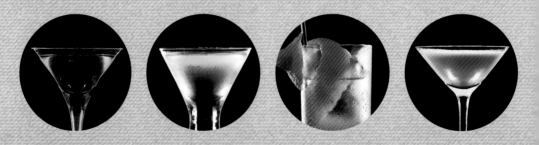

[目　录]

经典　献给皇太子妃的
甜鸡尾酒

Alexander
亚历山大

经典　薄荷和白兰地
给人留下深刻印象

Stinger
史汀格

材料	
白兰地	40mL
可可酒	20mL
鲜奶油	20mL

制作方法　把所有的材料和冰倒入调酒器中摇和，然后倒入鸡尾酒杯。

这是为了纪念英国皇太子爱德华七世结婚而设计的鸡尾酒，来源于其王妃亚历山大·德拉。可可酒和鲜奶油绝妙地融合在一起，就像巧克力蛋糕一样，是女性喜爱的味道。

材料	
白兰地	55mL
白薄荷酒	25mL

制作方法　把所有的材料和冰倒入调酒器中摇和，然后倒入鸡尾酒杯。按照自己的喜好用薄荷叶装饰。

史汀格是指"刺穿的东西"和"针"的意思。诞生于纽约的餐厅"蜂巢"，适合餐后饮用的清凉感的鸡尾酒。在口中混合的白兰地的香味和薄荷的清爽刺激给人留下深刻的印象。

23 度	甜口	摇和法
餐后		鸡尾酒杯

32 度	中口	摇和法
餐后		鸡尾酒杯

经典　水果味，
受人喜爱的一杯

Side Car
边车

材料

■ 白兰地	40mL
■ 白柑桂酒	20mL
■ 柠檬汁	20mL

制作方法　把所有的材料和冰倒入调酒
器中摇和，然后倒入鸡尾酒杯。

　　柠檬汁和白柑桂酒清新的酸味和水
果味道是这款酒的特点，是在法国诞生的
鸡尾酒。这是一种被认为是摇和法的基本
形式的最简单的酒款，根据品牌和量的不
同，变化也很有趣。

30 度	中口	摇和法
全日酒	鸡尾酒杯	

苹果和柠檬气味清新

Apple Jack
苹果杰克

材料

■ 苹果白兰地	40mL
■ 柠檬汁	20mL
■ 红石榴糖浆	20mL

制作方法 把所有的材料和冰倒入调酒器中摇和，然后倒入鸡尾酒杯。

　　苹果杰克是苹果白兰地之一。苹果的果香中带着柠檬的酸味，味道非常清爽。由糖浆呈现出的深红色调，将女性的魅力演绎得淋漓尽致。

20度	中口	摇和法
全日酒		鸡尾酒杯

纪念巴黎奥运会的鸡尾酒

Olympic
奥林匹克

材料

■ 白兰地	25mL
■ 橘柑桂酒	25mL
■ 橙汁	25mL

制作方法 把所有的材料和冰倒入调酒器中摇和，然后倒入鸡尾酒杯。

　　该鸡尾酒是为纪念1900年在巴黎举行的第2届奥林匹克运动会而创作的。所有的材料都是用1:1:1的简单的方法调制，被认为是诞生以来不变的黄金比例。可以品尝到刚榨好的橙子的味道。

20度	中口	摇和法
全日酒		鸡尾酒杯

名为"赞歌"的鸡尾酒

Carol
卡罗

材料 ▶

■ 白兰地	55mL
■ 甜味美思	25mL
■ 马拉斯奇诺樱桃	1 个

制作方法 ▶ 在放入冰块的混酒杯中倒入白兰地还有甜味美思调和，然后倒入鸡尾酒杯。在酒签上刺上马拉斯奇诺樱桃装饰。

这是一款名为"赞歌"的经典鸡尾酒卡罗，将白兰地和味美思这两种个性极强的酒融合在一起。甜口的味美思带出香味。沉稳的颜色能让人感受到成熟的气质。

28 度	中口	调和法
全日酒		鸡尾酒杯

和名字不一样的流行味道

Classic
经典

材料 ▶

■ 白兰地	40mL
■ 橘柑桂酒	15mL
■ 黑樱桃酒	15mL
■ 柠檬汁	15mL
■ 砂糖	适量

制作方法 ▶ 把除砂糖以外的材料和冰块放到调酒器中摇和，然后倒入用砂糖做出雪花边饰的鸡尾酒杯里。

虽然含有"古典"的意思，但与之相反，却是一种新颖、流行的鸡尾酒。橙子和樱桃两种酒和柠檬汁的搭配给人留下了很好的印象。

26 度	中口	摇和法
餐后		鸡尾酒杯

神秘风味的辣口鸡尾酒

Corpse Reviver

亡者复生

材料

■ 白兰地	40mL
■ 卡尔瓦多斯酒	20mL
■ 甜味美思	20mL

制作方法 用放入冰块的混酒杯调和材料，然后倒入鸡尾酒杯。根据个人喜好挤一下柠檬进行果皮增香。

亡者复生是指"让死去的人复活"的意思。虽然有很多同名的鸡尾酒，但是这个配方是最流行的。最后加入柠檬果皮增香，就会使味道更加醇厚。

30 度	辣口	调和法
全日酒	鸡尾酒杯	

使用了香槟的一款时尚的酒

Chicago

芝加哥

材料

■ 白兰地	45mL
■ 橘柑桂酒	2dash
■ 安高天娜苦精酒	1dash
■ 香槟	适量
■ 砂糖	适量

制作方法 把香槟之前的材料和冰块放入调酒器中摇和，然后倒入用砂糖做出雪花边饰的鸡尾酒杯里。倒满冷却后的香槟。

北美屈指可数的大城市——芝加哥。用于雪花边饰的砂糖带来甜甜的感受，香槟的碳酸带来了清爽，更容易入口。

25 度	中甜口	摇和法
全日酒	香槟杯（水果形）	

酸甜的味道和玫瑰一样的颜色

Jack Rose

杰克玫瑰

材料

■ 苹果白兰地	40mL
■ 青柠汁	20mL
■ 红石榴糖浆	20mL

制作方法 把所有的材料和冰倒入调酒器中摇和，然后倒入鸡尾酒杯。根据自己的喜好，可以把苹果白兰地换成卡尔瓦多斯酒。

　　鲜艳的颜色，由于使用美国产苹果白兰地制作而成，所以也叫作苹果杰克。不过，还是想尝尝用最高级的苹果白兰地——法国产的卡尔瓦多斯酒制作的。

20 度	中口	摇和法
全日酒	鸡尾酒杯	

有着浓郁的甜味，仿佛甜点的感觉

Zoom Cocktail

蜜蜂飞舞

材料

■ 白兰地	35mL
■ 蜂蜜	20mL
■ 鲜奶油	20mL

制作方法 把所有的材料和冰倒入调酒器中摇和，然后倒入鸡尾酒杯中。

　　Zoom 是拟声词"嗡"，表示蜜蜂翅膀扇动的声音。因使用蜂蜜而得名。白兰地中加入蜂蜜和鲜奶油，所以有着浓厚的甜味。

20 度	甜口	摇和法
餐后	鸡尾酒杯	

被白兰地与朗姆酒灌醉的醉鬼

Three Millers

三个磨坊主

材料

■ 白兰地	45mL
■ 淡朗姆酒	25mL
■ 红石榴糖浆	1tsp.
■ 柠檬汁	1dash

制作方法 把所有的材料和冰倒入调酒器中摇和，然后倒入鸡尾酒杯。

朗姆酒的香味衬托了白兰地，再加上柠檬的酸味和红石榴糖浆的甜味，口感清爽。酒精度数高，比较辣口，所以最适合喜欢强烈酒精感的人。

40 度	辣口	摇和法
全日酒	鸡尾酒杯	

妖艳的绿色鸡尾酒的诱惑

Devil

魔鬼

材料

■ 白兰地	50mL
■ 绿薄荷酒	30mL

制作方法 把所有的材料和冰倒入调酒器中摇和，然后倒入鸡尾酒杯。

在浓郁的白兰地中加入清爽的绿薄荷酒，制作出一杯清凉爽口的白兰酒。柜台上倒映出的活泼色彩也令人赏心悦目。因为酒精度数高，即使被恶魔引诱也不要破坏自己的底线。

33 度	中口	摇和法
餐后	鸡尾酒杯	

最具代表性的适合睡前饮用的酒

Night Cap
睡帽

材料 ▶

■ 白兰地	25mL
■ 茴香酒	25mL
■ 橘柑桂酒	25mL
■ 蛋黄	1 个

制作方法 ▶ 把所有的材料和冰倒入调酒器中摇和，然后倒入鸡尾酒杯。

　　睡觉前喝睡帽（睡前酒）。橘柑桂酒和茴香酒与白兰地的甜味纠缠在一起。蛋黄可以让人更加强壮，推荐给疲惫的人饮用。

25 度	甜口	摇和法
全日酒		鸡尾酒杯

饮用了可以消暑的苏打水的一杯

Harvard Cooler
哈弗酷乐

材料 ▶

■ 苹果白兰地	45mL
■ 柠檬汁	20mL
■ 砂糖	1tsp.
■ 苏打水	适量

制作方法 ▶ 把除苏打水以外的材料和冰加入调酒器里摇和，然后倒入装有冰块的柯林杯里。加满冰镇的苏打水，轻轻调和。

　　苹果白兰地的香甜和柠檬汁的酸味完美结合。用苏打水稀释，做出口感清爽的口感。

12 度	中口	摇和法
全日酒		柯林杯

丰富的个性重叠的蜜月的味道

Honeymoon

蜜月

材料

■ 苹果白兰地	25mL
■ 法国廊酒	25mL
■ 柠檬汁	25mL
■ 橘蓝柑桂酒	3dash

制作方法 把所有的材料和冰倒入调酒器中摇和，然后倒入鸡尾酒杯。

在用现存最古老的配方制成的利口酒——法国廊酒所具有的独特的甜味中，加入了苹果、柠檬、橙等，味道丰富。这是让人联想到相爱的两个人幸福未来的一杯酒。

25度	中口	摇和法
全日酒		鸡尾酒杯

深夜想喝的成年人的一杯酒

Between the Sheets

两者之间

材料

■ 白兰地	25mL
■ 白朗姆酒	25mL
■ 白柑桂酒	25mL
■ 柠檬汁	1tsp.

制作方法 把所有的材料和冰倒入调酒器中摇和，然后倒入鸡尾酒杯。

还有"上床睡觉"这种极具情趣的昵称。白兰地中加入白朗姆酒、白柑桂酒这种高酒精的组合。适合睡觉前喝。

32度	中口	摇和法
全日酒		鸡尾酒杯

有深度的甜口鸡尾酒

French Connection
法国情怀

材料 ▶

| ■ 白兰地 | 45mL |
| ■ 苦杏仁酒 | 15mL |

制作方法 ▶ 将所有的材料倒入装满冰块的古典酒杯中，轻轻地兑和。

名字来源于描写毒品调查的美国电影《法国贩毒网》。这是用杏仁核酿造的意大利产利口酒"苦杏仁酒"调制而成的一杯简单的杏仁酒。威士忌基酒的酒款叫"教父"。

| 32 度 | 甜口 | 兑和法 |
| 全日酒 | 古典酒杯 | |

柠檬皮看起来像马的脖子

Horse's Neck
金马颈

材料 ▶

■ 白兰地	45mL
■ 姜汁汽水	适量
■ 柠檬皮	1 个

制作方法 ▶ 用没断开的柠檬皮装饰柯林杯，放入冰块倒入白兰地。加入姜汁汽水，轻轻兑和。

Horse's Neck 指的是"马脖子"。用没有剥断的柠檬皮装饰玻璃杯。简单地用姜汁汽水加入白兰地，成就了一种轻快的口感。

| 10 度 | 中口 | 兑和法 |
| 全日酒 | 柯林杯 | |

利口酒基酒

被称为"液体宝石"的利口酒是一种根据美丽的色彩和不同的材料风味混合的酒。根据各自的个性，能做出甜、苦、酸等多种味道平衡的酒。

在这里按利口酒的材料进行分类，分成混合系，水果系，香草、香料系，坚果、种子、果核系，特殊系几类进行介绍。

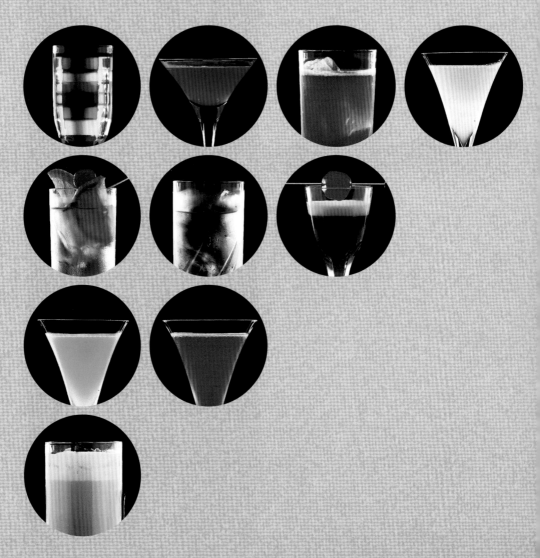

[目　录]

经典　水蜜桃和橙子的
最佳组合

Fuzzy Navel
毛脐

材料

- 桃子利口酒　　　　　　　　45mL
- 橙汁　　　　　　　　　　　适量

制作方法　将桃子利口酒倒进装有冰块
的古典酒杯里，加满橙汁，兑和。

　　Fuzzy 的意思是"模糊不清"，指
醉酒后头脑昏沉的状态。Navel 意为
"肚脐"，因橙子有脐，所以被称为"肚
脐"。桃子味和橙汁的水果味很容易让
人接受。

5 度	甜口	兑和法
全日酒	古典酒杯	

经典　适合"喜剧之王"的
轻快味道

Charles Chaplin
卓别林

材料

■ 杏子白兰地	20mL
■ 慢金酒	20mL
■ 柠檬汁	20mL

制作方法　把所有的材料和冰倒入调酒器中摇和，然后倒入装满冰的古典酒杯。

　　用"喜剧之王"卓别林的名字命名的一款。杏子白兰地的甜度，配上慢金酒、柠檬汁，再配上卓别林电影般的酸酸甜甜，口感轻快。

26 度	中甜口	摇和法
全日酒	古典酒杯	

经典　咖啡和香草的
浓郁香味

Kahlua & Milk
卡路尔牛奶

材料

■ 香甜咖啡酒	45mL
■ 牛奶	适量

制作方法　将香甜咖啡酒倒入装有冰块的古典酒杯里，加满牛奶，轻轻地兑和。

　　只是在香甜咖啡酒加牛奶的简单鸡尾酒。男女皆爱的理由是，突出了香甜咖啡酒风味的甘甜易饮的味道。香甜咖啡酒是以阿拉比卡咖啡豆为主要原料制成的咖啡利口酒之一，含有香草的香味。

10 度	甜口	兑和法
餐后	古典酒杯	

用 3 种材料调制的鸡尾酒联合王国

Union Jack

米字旗

材料 ▶

■ 红石榴糖浆	1/3 杯
■ 黑樱桃酒	1/3 杯
■ 荨麻酒（绿色）	1/3 杯

制作方法 ▶ 使用调酒长匙的背面，将材料按照从上到下顺序（红石榴糖浆、黑樱桃酒、荨麻酒的顺序），各种酒的量均为玻璃杯的 1/3 量。

米字旗指的是英国的国旗。由英格兰、苏格兰、爱尔兰国旗组成。这种鸡尾酒也是用 3 种材料调制出美丽的 3 层。

26 度	甜口	兑和法
餐后	利口酒杯	

从喜欢的颜色开始喝

Rainbow

彩虹

材料 ▶

■ 红石榴糖浆	1/7 杯
■ 茴香酒	1/7 杯
■ GET27 绿薄荷酒	1/7 杯
■ 紫罗兰酒	1/7 杯
■ 蓝柑桂酒	1/7 杯
■ 荨麻酒（绿色）	1/7 杯
■ 白兰地	1/7 杯

制作方法 ▶ 将材料从红石榴糖浆开始按顺序一次倒入杯子中，每种酒使用玻璃杯的 1/7 量。

由糖浆和 5 种利口酒、1 种白兰地堆积而成的彩虹般的美丽酒款，极具魅力。不混合，直接用吸管从喜欢的层开始喝。

28 度	甜口	兑和法
餐后	利口酒杯	

【水果系】

晚饭后想改换心情时

After Dinner
餐后酒

材料 ▶

■ 杏子白兰地	30mL
■ 橘柑桂酒	30mL
■ 青柠汁	20mL

制作方法 ▶ 把所有的材料和冰倒入调酒器中摇和，然后倒入鸡尾酒杯。

　　高雅的酸味能使胃更舒服，正适合饭后饮用。上述的配方是美国的，在欧洲的配方是用等量的白兰地、樱桃白兰地、柠檬汁摇和制作。

22 度	中甜口	摇和法
餐后	鸡尾酒杯	

能饱尝杏子味道的鸡尾酒

Apricot Cocktail
杏仁鸡尾酒

材料 ▶

■ 杏子白兰地	40mL
■ 橙汁	20mL
■ 柠檬汁	20mL
■ 干金酒	1tsp.

制作方法 ▶ 把所有的材料和冰倒入调酒器中摇和，然后倒入鸡尾酒杯。

　　杏子白兰地是在白兰地里浸泡杏的水果型利口酒。橘子和柠檬，让杏温和的味道和香气更加醒目。

13 度	中口	摇和法
全日酒	鸡尾酒杯	

清新的可乐风格

Apricot Cooler

杏仁酷乐

材料

■ 杏子白兰地	45mL
■ 柠檬汁	20mL
■ 红石榴糖浆	1tsp.
■ 苏打水	适量

制作方法 把苏打水以外的材料摇和，倒进装有冰的柯林杯。用冰镇的苏打水装满，轻轻调和。

　　杏和柠檬带来的水果的清爽，给人一种清淡的口感。天热的时候放上冰，看起来和喝起来都很清凉。

5度	中口	摇和法
全日酒		柯林杯

倍感清凉的最佳杰作

Cuba Libre Superiem

至尊自由古巴

材料

■ 金馥力娇酒	40mL
■ 新鲜青柠	1/2 个
■ 可乐	适量

制作方法 平底玻璃杯中挤入新鲜青柠，倒入金馥力娇酒。加入冰块，加入冰块后加满可乐，轻轻调和。

　　自由古巴（p.106）的变形。使用了由果实和香料制成的金馥力娇酒代替朗姆酒。有清凉感的味道。

12度	甜口	兑和法
全日酒		平底玻璃杯

樱桃和黑加仑的酸甜是魅力所在

Kirsch Cassis

基尔希卡西斯

材料

■ 基尔希樱桃白兰地	30mL
■ 黑加仑酒	30mL
■ 苏打水	适量

制作方法 放入冰块的平底玻璃杯中加入基尔希樱桃白兰地和黑加仑酒兑和。加满冰镇的苏打水。

基尔希樱桃白兰地和黑加仑酒的酸甜与苏打水的爽快，是最佳搭档。在黑加仑酒的发祥地——法国，是非常受欢迎的鸡尾酒。

11度	中口	兑和法
全日酒	平底玻璃杯	

水果的味道使人心情舒畅

Georgia Collins

乔治亚柯林

材料

■ 金馥力娇酒	40mL
■ 柠檬汁	20mL
■ 7up	适量

制作方法 柯林杯加冰块，加入金馥力娇酒和柠檬汁兑和。加满7up，轻轻兑和。根据喜好用切片橙子、柠檬片、马拉斯奇诺樱桃装饰。

汤姆柯林（p.80）的变形。将金馥力娇酒最后加工成了水果风味。如果装饰水果的话，果实感会更强。

5度	中甜口	兑和法
全日酒	柯林杯	

鸡尾酒版《飘》

Scarlett O'hara
斯嘉丽奥哈拉

材料 ▶

■ 金馥力娇酒	35mL
■ 蔓越莓汁	25mL
■ 柠檬汁	15mL

制作方法 ▶ 把所有的材料和冰都放进调酒器里摇和，然后倒入玻璃杯里。

　　以描写美国南北战争时代的小说《飘》的女主角之名命名的鸡尾酒。以美国南部产的金馥力娇酒为基酒。美丽的红色让人想起了经历了热烈人生的女主人公。

15度	中甜口	摇和法
全日酒	鸡尾酒杯	

甜甜的野红莓杜松子菲士

Sloe Gin Fizz
野红莓杜松子菲士

材料 ▶

■ 慢金酒	45mL
■ 柠檬汁	20mL
■ 糖浆	2tsp.
■ 苏打水	适量

制作方法 ▶ 把苏打水以外的材料摇和，倒入平底玻璃杯中。加入冰块，加满冰镇的苏打水，轻轻调和。

　　慢金酒是用西洋李子的一种黑刺李制作的一种利口酒。因为有甜味，所以如果以菲士风格打造出清爽的味道，就能拓宽饮者的范围。

14度	中口	摇和法
全日酒	平底玻璃杯	

杨贵妃爱吃的荔枝和柑橘类水果的味道

China Blue
中国蓝

材料 ▶

■ 蒂她荔枝酒	30mL
■ 葡萄柚汁	45mL
■ 蓝柑桂酒	10mL

制作方法 ▶ 把所有的材料和冰倒入调酒器中摇和，然后倒入鸡尾酒杯。

　　属于荔枝利口酒的蒂她荔枝酒与综合果汁特别搭配，有着清新的口感。据悉，唐玄宗皇帝宠爱的美人杨贵妃最喜欢荔枝。蓝柑桂酒，很神秘呈现出蓝色。

12 度	中口	摇和法
全日酒	鸡尾酒杯	

荔枝和斯普莫尼的邂逅

Ditamoni
迪塔莫尼

材料 ▶

■ 蒂她荔枝酒	30mL
■ 葡萄柚汁	30mL
■ 汤力水	适量

制作方法 ▶ 在放入冰块的柯林杯中加入除热水以外的材料，采用调和法。加满冰镇的汤力水，轻轻调和。

　　斯普莫尼（p.171）的变形，也被称为"蒂她荔枝酒·斯普莫尼"。荔枝的甜味加上葡萄柚和热水，口感清爽。

5 度	甜口	调和法
全日酒	柯林杯	

珍珠港的碧绿映衬

| Pearl Harbour

珍珠港

材料

■ 哈密瓜利口酒（蜜多丽）	35mL
■ 伏特加	20mL
■ 菠萝汁	20mL

制作方法 把所有的材料和冰倒入调酒器中摇和，然后倒入鸡尾酒杯。

　　位于夏威夷瓦胡岛的珍珠港因太平洋战争中日本偷袭珍珠港而闻名。表现珍珠港的翡翠绿，是哈密瓜利口酒的颜色。和战争差距甚远，甜甜的味道在口中扩散开来。

20 度	中甜口	摇和法
全日酒	鸡尾酒杯	

充满芳醇的橙香

| Valencia

瓦伦西亚

材料

■ 杏子白兰地	55mL
■ 橙汁	25mL
■ 橙味苦酒	2dash

制作方法 把所有的材料和冰倒入调酒器中摇和，然后倒入鸡尾酒杯。

　　瓦伦西亚是西班牙产橙的地方。就像这个名字一样，可以品尝到果汁和苦酒带来的浓郁的橘子味道。杏子白兰地使橘子味道更加多汁。甜口且酒精度数低，适合女性饮用。

15 度	甜口	摇和法
餐后	鸡尾酒杯	

水灵灵的水蜜桃溶化在嘴里

Peach Blossom

桃花

材料 ▶

■ 桃子利口酒	40mL
■ 橙汁	40mL
■ 柠檬汁	1tsp.
■ 红石榴糖浆	1tsp.

制作方法 ▶ *把所有的材料和冰都放进调酒器里摇和，然后倒到玻璃杯里。*

　　鲜桃的甜度加上柑橘汁，口感清爽。由于加入了红石榴糖浆，有着柔和的色彩和更浓厚的甜味。

6 度	甜口	摇和法
全日酒	鸡尾酒杯	

蓝色的衣服很适合美丽的姑娘

Blue Lady

蓝色佳人

材料 ▶

■ 蓝柑桂酒	40mL
■ 干金酒	20mL
■ 柠檬汁	20mL
■ 蛋清	1 个

制作方法 ▶ *把所有的材料和冰倒入调酒器中，摇和后倒入鸡尾酒杯。*

　　金酒基酒的粉红女郎（p.81）的变形。微微的淡蓝色的泡沫，是把蛋清装进去用力摇匀而产生的。使香甜的利口酒变得醇厚。

17 度	中口	摇和法
全日酒	鸡尾酒杯	

菲兹风格的红色宝石

Ruby Fizz

红宝石菲士

材料

■ 慢金酒	45mL
■ 柠檬汁	20mL
■ 红石榴糖浆	1tsp.
■ 砂糖	1tsp.
■ 蛋清	1 个
■ 苏打水	适量

制作方法 把苏打水以外的材料充分摇和，倒进装满冰的平底玻璃杯里。加满苏打水，轻轻调和。

盛满冰块的玻璃杯里的深粉色像红宝石一样美丽。可以享受甜美舒服的口感。

8 度	中口	摇和法
全日酒		平底玻璃杯

和斯嘉丽是一对的鸡尾酒

Rhett Butler

白瑞德

材料

■ 金馥力娇酒	25mL
■ 柑曼怡	25mL
■ 青柠汁	15mL
■ 柠檬汁	15mL

制作方法 把所有的材料和冰倒入调酒器中摇和，然后倒入鸡尾酒杯。

小说《飘》的主人公斯嘉丽的伴侣白瑞德。同斯嘉丽奥哈拉（p.162）一样，以金馥力娇酒作为基酒。最高级的柑曼怡衬得上白瑞德名门子弟的身份。

26 度	甜口	摇和法
餐后		鸡尾酒杯

【香草、香料系】

用苏打水引出利口酒的魅力

Amer Picon Highball
高球苦味利口酒

材料

■ 亚玛·匹康苦酒	45mL
■ 红石榴糖浆	3dash
■ 苏打水	适量

制作方法 在放入冰块的平底玻璃杯中加入亚玛·匹康苦酒和红石榴糖浆,兑和。加满冰镇的苏打水,轻轻调和。可根据个人喜好使用柠檬进行果皮增香,也可以直接放入玻璃杯中。

亚玛·匹康苦酒是法国军人生产的草药利口酒。因为和苏打水的性格很适合,推荐高球的配方。

6度	中口	兑和法
餐前	平底玻璃杯	

又甜又苦的意大利调制的鸡尾酒

Americano
美国佬

材料

■ 金巴利	30mL
■ 甜味美思	30mL
■ 苏打水	适量

制作方法 在放入冰块的平底玻璃杯中加入金巴利和甜味美思。加满冰镇的苏打水,轻轻兑和。可根据个人喜好使用柠檬进行果皮增香,也可以直接放入玻璃杯中。

Americano 在意大利语中是"美国人"的意思。苦涩的金巴利和甜美的味美思的组合,用苏打水增加清爽的口感。

6度	中口	兑和法
餐前	平底玻璃杯	

在意大利被称为英雄的鸡尾酒

Campari & Orange

金巴利橙汁

材料

■ 金巴利   45mL
■ 橙汁   适量

制作方法 在放入冰块的平底玻璃杯中倒入金巴利，加满橙汁，兑和。根据自己的喜好来装饰橙子切片。

在意大利，人们统一用为意大利做出贡献的国民英雄"加里波第"来命名。金巴利是由柑橘等各种材料制成的，其特有的苦味与橙子等柑橘类水果非常搭配，可以感受到成年人的味道。

8 度	中口	兑和法
餐前		平底玻璃杯

清爽的苦味为世界所喜爱

Campari & Soda

金巴利苏打

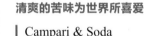

材料

■ 金巴利   45mL
■ 苏打水   适量

制作方法 在放入冰块的平底玻璃杯里倒满金巴利，再倒入苏打水轻轻兑和。根据个人喜好将柠檬切成薄片挤一下，直接放入玻璃杯中。

只需用苏打水稀释的简单配方，就能尽情品尝金巴利特有的苦涩与甘甜。可以说是使用金巴利的鸡尾酒的代表。据说作者是金巴利开发者的第二代大卫。

8 度	中口	兑和法
餐前		平底玻璃杯

跃过草原的蚱蜢般的爽快感

Grasshopper
绿色蚱蜢

材料 ▶

■ 绿薄荷酒	25mL
■ 可可酒（白色）	25mL
■ 鲜奶油	25mL

制作方法 ▶ 把所有的材料和冰倒入调酒器中摇和，再倒入鸡尾酒杯。

具有"蚱蜢"之意的该款鸡尾酒中，薄荷的清香像草原的风一样令人心旷神怡。可可酒和这些酒的组合就像喝巧克力薄荷冰淇淋一样。用餐后想喝一杯。

15 度	甜口	摇和法
餐后	鸡尾酒杯	

就像开着一辆金色的高级轿车

Golden Cadillac
黄金凯迪拉克

材料 ▶

■ 加利安奴力娇酒	25mL
■ 可可酒（白色）	25mL
■ 鲜奶油	25mL

制作方法 ▶ 把所有的材料和冰倒入调酒器中摇和，再倒入鸡尾酒杯。

凯迪拉克是美国的高级车。将绿色蚱蜢的薄荷酒换成加利安奴力娇酒就变成了黄金凯迪拉克。香草为原料的金黄色的加利安奴力娇酒有着名流的华丽的味道。

18 度	甜口	摇和法
餐后	鸡尾酒杯	

香甜可口的口感仿佛在梦中

Golden Dream

金色梦幻

材料▶

■ 加利安奴力娇酒	20mL
■ 白柑桂酒	20mL
■ 橙汁	20mL
■ 鲜奶油	20mL

制作方法▶ 把所有的材料和冰倒入调酒器中摇匀，然后倒入鸡尾酒杯。

意大利产利口酒加利安奴力娇酒与白柑桂酒和橙汁摇和在一起，香气特别好闻。丝滑的鲜奶油很适合这款酒，喝起来就像华丽的梦想世界。

16度	甜口	摇和法
餐后	鸡尾酒杯	

某些艺术家也最爱的利口酒

Suze Tonic

苏兹汤力

材料▶

■ 苏兹酒	45mL
■ 汤力水	适量

制作方法▶ 在放入冰块的平底玻璃杯里倒上苏兹酒，加满冰镇的汤力水，轻轻兑和一下。

能直接感受到苏兹酒的风味，只有苏兹酒和汤力水的简单配方。法国产的苏兹酒是使用龙胆科的药草龙舌兰制成的稍苦的利口酒。据说艺术家毕加索也爱喝苏兹酒，甚至画过酒瓶。

5度	中口	兑和法
餐前	平底玻璃杯	

与金巴利同等受欢迎的鸡尾酒

Spumoni
斯普莫尼

材料

■ 金巴利	30mL
■ 葡萄柚汁	45mL
■ 汤力水	适量

制作方法 在放入冰块的柯林杯里加入金巴利和葡萄柚汁，兑和。加满冰镇的汤力水，轻轻调和。

名字的由来是意大利语中"起泡沫（spummare）"的意思。用汤力水的气泡将金巴利的苦味和葡萄柚汁的酸味包裹其中，使其更加突出。

5度	中口	兑和法
全日酒	柯林杯	

特点是可爱的类似花朵的紫罗兰

Violet Fizz
紫罗兰菲士

材料

■ 紫罗兰酒	45mL
■ 柠檬汁	20mL
■ 砂糖	2tsp.
■ 苏打水	适量

制作方法 将苏打水以外的材料摇和，倒进装满冰的平底玻璃杯里。加满冰镇的苏打水，轻轻调和。

这款鸡尾酒的特点是楚楚可怜的紫罗兰般的紫色。该鸡尾酒是紫罗兰酒调制的代表性鸡尾酒，希望大家能品尝到其味道和香气。

6度	中口	摇和法
全日酒	平底玻璃杯	

Pastis Water

茴香酒矿泉水

材料 ▶

■ 茴香酒	30mL
■ 矿泉水	适量

制作方法 ▶ 在放入冰块的平底玻璃杯中倒入茴香酒，加满冰镇过的矿泉水，兑和。

　　茴香酒是用八角和茴香等调味品制作的中草药型利口酒。在琥珀色的茴香酒里加入矿泉水，会马上变成白浊的鸡尾酒，让人尽享颜色和滋味。八角的风味和独特的清凉感很有魅力。

9度	中口	兑和法
全日酒	平底玻璃杯	

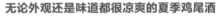

无论外观还是味道都很凉爽的夏季鸡尾酒

Mint Frappe

薄荷佛莱培

材料 ▶

■ 绿薄荷酒	30～45mL

制作方法 ▶ 在香槟杯（碟形）（或者大型的鸡尾酒杯）中装满裂冰形成冰山，倒入薄荷酒，插上吸管。根据个人喜好配上薄荷叶。

　　佛莱培在法语中是"冰敷"的意思。在裂冰上加入带有透明感的绿色薄荷酒，就会变成一种看上去很凉爽的鸡尾酒。薄荷的清爽口感非常适合炎热的夏天。

17度	甜口	兑和法
餐后	香槟杯（碟形）	

【坚果、种子、果核系】

芳醇甘甜的天使之吻

Angel's Kiss

天使之吻

材料 ▶

■ 可可酒	1/4 杯
■ 紫罗兰酒	1/4 杯
■ 白兰地	1/4 杯
■ 鲜奶油	1/4 杯

制作方法 ▶ 将所有的材料从可可酒开始依次倒入，沿着调酒长匙的背面按1/4量调酒，不混合。

由4种材料调制的鸡尾酒给人一种仿佛被天使亲吻过的香甜感。在日本一般将下方的"天使之箭"称作"天使之吻"，但是在国外这个配方才是主流。

18度	甜口	兑和法
餐后		利口酒杯

配上天使射来的樱桃

Angel's Tip

天使之箭

材料 ▶

■ 可可酒	3/4 杯
■ 鲜奶油	1/4 杯
■ 马拉斯奇诺樱桃	1 个

制作方法 ▶ 在可爱的雪利杯里倒入可可酒盖上奶盖。用酒签刺上马拉斯奇诺樱桃，横在杯子上。

在日本，光听天使之吻的名字就可以知道，那是一种让人心旷神怡的甜点鸡尾酒。可可的香气与鲜奶油的丝滑打造出令人愉悦的甘甜。

8度	甜口	兑和法
餐后		雪利杯

如果你想喝清爽的可可就喝这一款

Cacao Fizz

可可菲士

材料 ▶

■ 可可酒	45mL
■ 柠檬汁	20mL
■ 砂糖	1tsp.
■ 苏打水	适量

制作方法 ▶ 把苏打水以外的材料摇和，倒在平底玻璃杯中。加入冰块，加满冰镇的苏打水，轻轻调和。

可可的香味加上柠檬的酸味和苏打水的发泡感，口感清新爽口。装饰的话，可以选择和可可酒很搭的马拉斯奇诺樱桃。

8度	中甜口	摇和法
全日酒	平底玻璃杯	

3种材料制作的香味的协奏曲

Cranberry Cooler

蔓越莓酷乐

材料 ▶

■ 苦杏仁酒	45mL
■ 蔓越莓汁	90mL
■ 橙汁	30mL

制作方法 ▶ 装有冰的柯林杯里放入所有材料，兑和。

杏仁味的苦杏仁酒加上蔓越莓和橙子的果香，是一种很有质感的鸡尾酒。3种材料，描绘出热情而鲜明的色彩。因为酒精度数不高，所以可以随时随地喝。

7度	甜口	兑和法
全日酒	柯林杯	

滋润了运动后的喉咙的清爽感

Boccie Ball
布希球

材料 ▶

■ 苦杏仁酒	30mL
■ 橙汁	30mL
■ 苏打水	适量

制作方法 ▶ 在放入冰块的柯林杯里放入苦杏仁酒和橙汁，兑和。倒满冰镇的苏打水，轻轻调和。

波奇在意大利语中是指冰壶球一样的游戏。在源自意大利的苦杏仁风味的苦杏仁酒中加入橙汁和苏打水，饮用起来非常清爽。

6度	中甜口	兑和法
全日酒		柯林杯

热橙汁能温暖冻僵的身体

Hot Italian
温意大利酒

材料 ▶

■ 苦杏仁酒	40mL
■ 橙汁	160mL

制作方法 ▶ 在热饮杯中倒入苦杏仁酒，加入温橙汁兑和。也可以配上肉桂棒作为调酒棒。

将螺丝起子（p.94）的伏特加换成苦杏仁酒，并做成热鸡尾酒。又名"温意大利酒·螺丝起子"。加热后，橙汁会变得更香、更浓郁。

5度	甜口	兑和法
全日酒		热饮杯

鸡尾酒版复活节彩蛋

Easter Egg

复活节彩蛋

材料

■ 巧克力酱利口酒	30mL
■ 蛋黄利口酒（Advocaat）	30mL

制作方法 将所有的材料倒入装有冰块的古典酒杯中，采用调和法。

复活节是耶稣复活的日子。这时，上色装饰的蛋就成了"复活节彩蛋"。使用了蛋黄利口酒（Advocaat）是甜的且口感醇厚。再配上巧克力酱利口酒，就能品尝出香甜浓郁的味道。

17度	甜口	调和法
餐后	古典酒杯	

鸡蛋和柑橘类水果制造的惊喜

Snowball

雪球

材料

■ 蛋黄利口酒（Advocaat）	40mL
■ 青柠汁	1dash
■ 柠檬汽水	适量

制作方法 将蛋黄利口酒（Advocaat）和青柠汁倒入放入冰块的平底玻璃杯。倒满柠檬汽水兑和。

蒸馏酒加上蛋黄、香草制造出的蛋黄利口酒（Advocaat），同青柠汁、柠檬汽水意外地很搭。除此之外，如果能加入碳酸饮料等各种各样的配料，应该也能发现惊喜的味道吧。

4度	甜口	兑和法
全日酒	平底玻璃杯	

水蜜桃 × 酸奶凉爽的一杯

Pecheghurt

蜜桃酸奶

材料

■ 酸奶利口酒	30mL
■ 桃子利口酒	30mL
■ 牛奶	15mL
■ 葡萄柚汁	15mL
■ 红石榴糖浆	1tsp.

制作方法 所有的材料和裂冰放入电动搅拌器中搅和，倒入香槟杯（碟形）中。按照自己的喜好来装饰薄荷叶。

在法语中，Peche 是桃的意思。酸奶的酸味和水蜜桃的甜味配在一起更容易入口。冰冻风格，适合夏天的甜点。

11 度	甜口	搅和法
餐后	香槟杯（碟形）	

想起母亲的手的甜蜜

Mother's Touch

母亲的抚摸

材料

■ 草莓奶油利口酒	30mL
■ 可可酒	20mL
■ 咖啡酒	10mL
■ 热水	适量
■ 鲜奶油	适量

制作方法 将热水之前的材料全部放入热饮杯中一边兑和一边倒入热水，然后放上打发的鲜奶油。也可以放上巧克力或者饼干。

草莓的酸甜度加上可可和咖啡的香味。就像碰到了善良的母亲的手一样，是又甜又温的鸡尾酒。

9 度	甜口	兑和法
餐后	热饮杯	

鸡尾酒达人严选鸡尾酒款 2

介绍不论男女都会喜欢的鸡尾酒款。

仿佛草莓甜点鸡尾酒

Gorky Park
高尔基公园

材料▶

■ 伏特加	80mL
■ 红石榴糖浆	2tsp.
■ 草莓	1 个

制作方法▶ 将所有的材料和裂冰加入电动搅拌器中搅拌，然后倒入香槟杯。根据个人喜好，装饰草莓（材料表外）和薄荷叶。

　　加入了新鲜的草莓和红石榴糖浆，是一种有果子酱感觉的鸡尾酒。草莓粉色的颜色也非常可爱，很受女性欢迎。

26 度	中甜口	搅和法
全日酒	香槟杯（碟形）	

梦幻的蓝色很美

Fantastic Leman
梦幻勒曼湖

材料▶

■ 清酒	30mL
■ 白柑桂酒	20mL
■ 基尔希樱桃白兰地	1tsp.
■ 柠檬汁	1tsp.
■ 汤力水	适量
■ 蓝柑桂酒	20mL

制作方法▶ 将汤力水之前的材料摇和均匀，放入装有冰块的柯林杯。加入汤力水，再将蓝色柑桂酒慢慢沿杯边倒入杯底。

　　这是一杯表现瑞士莱芒湖颜色的酒。柠檬汁的酸味与其他材料的甜味的相互交融。

10 度	中口	摇和法
全日酒	柯林杯	

横滨出产的爽快鸡尾酒

Jack Tar

水手

材料

■ 151 proof 朗姆酒	30mL
■ 金馥力娇酒	25mL
■ 青柠汁	25mL

制作方法 将所有的材料和冰倒入调酒器中摇和，倒入装满裂冰的古典酒杯。根据喜好装饰青柠块。

酒精度数较高的 151 proof 朗姆酒作为基酒，香草系利口酒金馥力娇酒和青柠的风味使得酒的味道清爽。这是横滨酒吧"Windjammer"的原创鸡尾酒。

35 度	中口	摇和法
全日酒		古典酒杯

复苏美丽的甜蜜回忆

Sweet Memory

甜蜜回忆

材料

■ 杏露酒	25mL
■ 苦杏仁酒	15mL
■ 葡萄柚汁	35mL

制作方法 把所有的材料和冰倒入调酒器中摇和，然后倒入鸡尾酒杯。

杏露酒多汁的甜度、苦杏仁酒的杏仁香和葡萄柚汁的酸味搭配在一起令人心旷神怡。喝了之后，马上就会回想起酸甜的美好回忆。

9 度	甜口	摇和法
餐后		鸡尾酒杯

葡萄酒基酒

用于鸡尾酒的葡萄酒，比较常用的是红、白加上味美思和雪莉酒、香槟等，味道和特征的变化也比较丰富。

[目　录]

经典 仿佛可爱的花的
高级鸡尾酒

Mimosa

含羞草

经典 自由品尝一杯
清爽的葡萄酒

Wine Cooler

葡萄酒酷乐

材料

香槟	40mL
橙汁	40mL

制作方法 按照橙汁、香槟的顺序倒入香槟杯中。

在法国的上流阶级中一直被称为"橙汁香槟",而且是自古以来一直被喜爱的鸡尾酒。香槟和橙汁组合成奢侈,却又清爽的味道在全世界都有很高的人气。因为颜色与可爱的含羞草一样,所以被冠以这个名字。

8度	中口	兑和法
全日酒	香槟杯（水果形）	

材料

葡萄酒	85mL
橘柑桂酒	10mL
红石榴糖浆	10mL
橙汁	25mL

制作方法 按照冰镇的葡萄酒和橙汁、红石榴糖浆、橘柑桂酒的顺序倒入香槟杯,兑和。

冰凉的葡萄酒和果汁让人感到凉爽。红的、白的都可以。如果想做出鲜艳的颜色,推荐红或粉红葡萄酒。可以用水果装饰得漂亮一点。

12度	中口	兑和法
全日酒	香槟杯（水果形）	

鲜艳的双层造型很美

American Lemonade

美国柠檬汁

材料

■ 红葡萄酒	30mL
■ 柠檬汁	40mL
■ 砂糖	3tsp.

制作方法 在柯林杯注入红葡萄酒以外的材料，并兑和。倒入红葡萄酒，让其漂浮在上层。

柠檬汁和红葡萄酒调制的简单的鸡尾酒。有透明感的红和白的美丽对比，在女性中也很受欢迎。吸管插入下面只喝柠檬汽水，也可以搅匀后喝，享受味道的差异。

3 度	中口	兑和法
全日酒		柯林杯

黑加仑和红葡萄酒调制的深红色鸡尾酒

Cardinal

红衣主教

材料

■ 红葡萄酒	120mL
■ 黑加仑酒	30mL

制作方法 将冰镇红葡萄酒与黑加仑酒倒入葡萄酒杯中轻轻兑和。

红葡萄酒中加入黑加仑酒，就像其名字一样呈现出魅力的深红色鸡尾酒。参考了制作基尔（p.183）的配方，一般以红葡萄酒为基酒按4∶1～5∶1的比例制作。葡萄酒中还有黑加仑的新鲜的甜味感觉。

15 度	中口	兑和法
全日酒		葡萄酒杯

黑加仑香气的果味鸡尾酒

Kir
基尔

材料

■ 白葡萄酒	4/5 杯
■ 黑加仑酒	1/5 杯

制作方法 将冰镇白葡萄酒与黑加仑酒倒入香槟杯中，轻轻兑和。

为了宣传勃艮第葡萄酒，勃艮第地区的中心城市第戎的市长发明了这款鸡尾酒。勃艮第产的带有酸味与辣味的白葡萄酒和甜黑加仑酒特别相配。

14 度	中口	兑和法
餐前	香槟杯（水果形）	

与这个名字相称的优雅魅力

Kir Royal
皇家基尔

材料

■ 香槟	4/5 杯
■ 黑加仑酒	1/5 杯

制作方法 将冰镇香槟与黑加仑酒倒入香槟杯中轻轻兑和。

将基尔中的白葡萄酒换成香槟。清爽的发泡营造出优雅的氛围。一般会选择作为开胃酒（餐前酒）。淡粉色的液面和冒着泡沫的高贵姿态，撑得起"皇家基尔"的称号。

14 度	中口	兑和法
餐前	香槟杯（水果形）	

传统鸡尾酒随着独特的台词同时出现

Champagne Cocktail

香槟鸡尾酒

材料

■ 香槟	1 杯
■ 安高天娜苦精酒	1 杯
■ 角砂糖	1 个

制作方法 将角砂糖放入香槟杯中，然后再混入安高天娜苦精酒，最后倒入冰香槟。

在电影《卡萨布兰卡》中，它与"为你的眼睛干杯"的著名台词一起登场。该鸡尾酒在饮用时角砂糖也会慢慢溶化，不仅能品尝到味道的变化，还能欣赏到逐渐溶化的角砂糖的浪漫模样。

15 度	中口	兑和法
全日酒	香槟杯（碟形）	

用苏打水稀释白葡萄酒的轻快开胃酒

Spritzer

斯伯利特

材料

■ 白葡萄酒	60mL
■ 苏打水	适量

制作方法 将冰白葡萄酒倒入香槟杯中。倒满苏打水兑和。

白葡萄酒中，加入冒泡的苏打水就是这款经典鸡尾酒的制作方法。外观和口感都很清爽，适合做餐前酒用来控制食欲。低温的状态下更有风味。德语中"弹（spritzen）"的意思就是酒名的词源。

5 度	中口	兑和法
餐前	香槟杯（水果形）	

画家贝利尼献给艺术的 1 杯

Bellini
贝利尼

材料 ▶

■ 起泡酒	2/3 杯
■ 桃蜜（Peach Nectar）	1/3 杯
■ 红石榴糖浆	1dash

制作方法 ▶ 将桃蜜（Peach Nectar）与红石榴糖浆倒入香槟杯中。然后倒入起泡酒兑和。

　　起泡酒和桃蜜（Peach Nectar）制造出一种清新的甜味。意大利的老字号 "paris bar" 的主人是画家贝利尼的忠实粉丝，这款酒是为了纪念画展的举办而创作的。店里的食谱是使用生桃。

10 度	中口	兑和法
餐前	香槟杯（水果形）	

在法国深受欢迎的清爽的餐前酒

Vermouth & Cassis
黑加仑味美思

材料 ▶

■ 干味美思	60mL
■ 黑加仑酒	15mL
■ 苏打水	适量

制作方法 ▶ 将干味美思和黑加仑酒倒入平底玻璃杯中，然后倒入苏打水兑和。

　　别名 "法国消防员"。由法国的国民酒干味美思和黑加仑酒组合而成，口感适中，味道醇厚。在法国，这是餐前酒中的经典。

13 度	中口	兑和法
餐前	平底玻璃杯	

啤酒基酒

　　大部分啤酒都属于爱尔（上层发酵）和拉格（下层发酵）两个种类。在日本，比起个性强烈的爱尔，一般使用更容易与其他材料搭配、味道清爽的拉格。

[目　录]

经典　同因宿醉而充血的
眼睛的颜色一样

Red Eye
红眼睛

经典　比尔鸡尾酒的
经典

Shandy Gaff
香蒂格夫

材料 ▶

■ 啤酒	1/2 杯
■ 番茄汁	1/2 杯

制作方法 ▶ 将啤酒倒入平底玻璃杯中，然后倒满冰番茄汁，轻轻兑和。

　　正如她的名字，红眼睛。表现了因宿醉而充血的眼睛。用有益身体健康的番茄汁调制而成，据说是治疗宿醉的特效药。添加了味道有点苦的番茄汁。欧美的做法是加入蛋黄，制造出眼睛的样子。

3 度	中口	兑和法
全日酒	平底玻璃杯	

材料 ▶

■ 啤酒	1/2 杯
■ 姜汁汽水	1/2 杯

制作方法 ▶ 将啤酒倒入平底玻璃杯中，然后倒满姜汁汽水，轻轻兑和。

　　在发源地英国受人喜爱的 via 鸡尾酒，含有姜汁汽水的辛辣和啤酒的苦味。原本的英国式，是使用香气丰富的艾尔啤酒，使用烈性黑啤的话，会有不同的感受。

3 度	中口	兑和法
全日酒	平底玻璃杯	

两种苦涩味道的绝妙平衡

Campari Beer

金巴利啤酒

材料

■ 啤酒	适量
■ 金巴利	30mL

制作方法 金巴利倒入啤酒杯中，然后倒满啤酒，轻轻兑和。

使用了柑橘果皮等 30 多种香草的代表意大利的苦酒"金巴利"，再加入具有苦味的啤酒调制而成。可以品尝到 2 种苦涩的合奏，属于成年人的啤酒鸡尾酒。被金巴利红染上的华丽的色彩富有魅力。

8 度	中口	兑和法
全日酒	啤酒杯	

成人干啤鸡尾酒

Dog's Nose

狗鼻子

材料

■ 啤酒	适量
■ 干金酒	45mL

制作方法 将干金酒倒入啤酒杯中，然后倒满啤酒，轻轻兑和。

啤酒自带的苦涩，与干金酒的辛辣和清爽的香味混合在一起，这是一款刺激性强的鸡尾酒，适合成年人的口味。由于使用了烈酒，所以也比原来的啤酒酒精度数高一些，要注意不要饮酒过量。适合不满足于啤酒单品而喜欢强烈的酒精感的人。

10 度	辣口	兑和法
全日酒	啤酒杯	

白葡萄酒畅谈派也能接受

Beer Spritzer
啤酒精灵

材料

■ 啤酒	1/2 杯
■ 白葡萄酒	1/2 杯

制作方法 将白葡萄酒倒入啤酒杯中，然后倒满啤酒，轻轻兑和。

　　白葡萄酒和啤酒组合的简约鸡尾酒。微微苦味的啤酒中加入略带水果酸味的白葡萄酒，可以品尝到新鲜的爽口感觉。由于啤酒的苦味有所缓解，所以即使不喜欢啤酒的女性也能喝一杯。无论葡萄酒的粉丝还是啤酒的粉丝都能接受。

9 度	中口	兑和法
全日酒	啤酒杯	

像天鹅绒一样丝滑泡沫

Black Velvet
黑色丝绒

材料

■ 烈性黑啤酒	1/2 杯
■ 香槟	1/2 杯

制作方法 烈性黑啤酒和香槟同时从啤酒杯的两侧倒入。

　　因其如高档的纺织品天鹅绒般顺滑的口感和完美的颜色而得名。爱尔兰出生的浓色的上层发酵啤酒"烈性黑啤酒"配上法国出生的香槟有着无上趣味。想享受滑润的口感和芳醇的香味，可以选择这款酒。

10 度	中口	兑和法
全日酒	啤酒杯	

清酒 & 烧酒基酒

是使用了日本酒的新鲜鸡尾酒。

使用清酒的鸡尾酒，味道是独特的吟酿香和醇厚的风味。

多种原料制成的烧酒用在鸡尾酒中，根据选择的种类不同可以享受到各种各样的味道。

[目　录]

经典 用"Sake"制作的
日式马提尼

Saketini
清酒提尼

经典 感受到武士的
凛然屹立

Last Samurai
最后的武士

材料 ▶

■ 清酒	20mL
■ 金酒	60mL

制作方法 ▶ 用加冰的混酒杯调和所有的
材料，再倒入鸡尾酒杯中。按照自己的喜
好，用插在鸡尾酒针上的橄榄进行装饰。

把马提尼（p.67）的干味美思换成
清酒，作为日式马提尼品尝。使用的酒
的种类不同味道也不同。寻找适合自己
喜欢的品种，考虑组合等，享受大人的
乐趣。

36 度	辣口	调和法
餐前		鸡尾酒杯

材料 ▶

■ 大麦烧酒	35mL
■ 樱桃白兰地	20mL
■ 青柠汁	20mL

制作方法 ▶ 把所有的材料和冰倒入调酒
器中摇和，然后倒入鸡尾酒杯中。根据喜好
放入插在酒针上的马拉斯奇诺樱桃，用柠檬
果皮增香。

在大麦烧酒中加入樱桃白兰地，其
香味和青柠的酸味使这款鸡尾酒回味深
长。其特征是鲜红的颜色，给人一种勇
敢武士血液的印象。

20 度	中口	摇和法
全日酒		鸡尾酒杯

清酒 × 水果的新口感鸡尾酒

Samurai
武士

材料

■ 清酒	60mL
■ 青柠汁	20mL
■ 柠檬汁	1tsp.

制作方法 把所有的材料和冰倒入调酒器中摇和，然后倒入鸡尾酒杯。

在清酒中加入青柠汁和柠檬汁，调制出清爽风味的鸡尾酒。清酒的醇厚又增加了一种乐趣。水果的味道、柑橘类水果的香味和酸味让人心情愉悦。只要加入砂糖或糖浆，喜欢甜口的人就能品尝到喜欢的滋味。

10 度	中口	摇和法
全日酒	鸡尾酒杯	

像小镇姑娘那样地有点小韵味

Satsuma Komachi
萨摩小镇

材料

■ 红薯烧酒	40mL
■ 白柑桂酒	20mL
■ 柠檬汁	20mL
■ 盐	适量

制作方法 调酒器中放入盐以外的材料和冰摇和，然后倒入用盐制作雪花边饰的鸡尾酒杯。

萨摩其实就是鹿儿岛。以那个鹿儿岛为中心，形成了红薯烧酒的力量、白柑桂酒的水果香味就像遇到的小镇姑娘有着别样的优雅韵味。盐的味道也有着很多的加分。

22 度	中口	摇和法
全日酒	鸡尾酒杯	

风味丰富的烧酒版马提尼

Chutini

烧酒提尼

材料

■ 白干酒	60mL
■ 干味美思	20mL
■ 橙味苦酒	1dash

制作方法 用放入冰块的混酒杯调和材料，斟入鸡尾酒杯。用喜欢的酒签刺入橄榄进行装饰。

清酒提尼（p.191）使用的是清酒，而烧酒提尼则使用烧酒。如果用无味无臭的白干酒再加上味美思的风味，就会很快做出漂亮的鸡尾酒成品。

23 度	辣口	调和法
餐前	鸡尾酒杯	

融合个性的利落味道

Murasame

村雨

材料

■ 大麦烧酒	45mL
■ 杜林标酒	10mL
■ 柠檬汁	1tsp.

制作方法 将所有的材料注入古典酒杯中，轻轻兑和。

这是"骤雨"的意思，鸡尾酒就像一瞬间停的雨一样，让人感觉非常舒服。口感柔和的麦烧酒和香草味道丰富的杜林标酒被调和在一起，能激发出绝妙的清香美味。可以试一下红薯、大麦、荞麦等其他的烧酒，也会很有趣。

25 度	中口	兑和法
全日酒	古典酒杯	

无酒精鸡尾酒

因为不含酒精，所以可以作为软饮料喝。

对酒精不耐受的人当然也没有问题了，想稍微改变一下心情的时候也推荐这些鸡尾酒。

[目 录]

经典 柠檬的清爽在世界上
     很受欢迎

Lemonade
柠檬汽水

经典 就像童话中的
     公主

Cinderella
辛德瑞拉

材料

■ 柠檬汁	40mL
■ 砂糖	3tsp.
■ 水	适量

制作方法　柠檬汁和砂糖放入装有冰块
的柯林杯。装满水，轻轻兑和。根据个人喜
好可以选择用柠檬片装饰。

　　没有酒精的鸡尾酒酒款中常见的柠
檬汽水可以品尝到清香的柠檬的味道。
可以根据自己的喜好减少砂糖的量，也
可以将水换成苏打水。用柠檬和樱桃装
饰也是很不错的选择。

材料

■ 橙汁	25mL
■ 柠檬汁	25mL
■ 菠萝汁	25mL

制作方法　把所有的材料和冰倒入调酒
器中摇和，然后倒入鸡尾酒杯中。

　　这是3种柑橘类果汁混合出水果
的酸甜味道和黄色外观，是华丽的一款
酒。配上美丽的鸡尾酒杯，酒杯里荡漾
着孩童时代的公主般心情。

一	中口	兑和法
全日酒	柯林杯	

一	甜口	摇和法
全日酒	鸡尾酒杯	

把炎热的夏天装扮得凉爽

Summer Cooler
夏日酷乐

材料

■ 黑加仑糖浆	20mL
■ 橙汁	200mL

制作方法 把所有的材料和冰都装入调酒器摇和，然后倒入柯林杯。

这款鸡尾酒的名字就像在夏日的酷暑中，用橙汁和黑加仑糖浆调制而成，也就是不含酒精的"黑加仑橙汁"。如果想要酒精的感觉，可以加少许苦酒。

一	甜口	摇和法
全日酒		柯林杯

爽快得不得了的一款酒

Saratoga Cooler
萨拉托加酷乐

材料

■ 青柠汁	20mL
■ 糖浆	1tsp.
■ 姜汁汽水	适量

制作方法 青柠汁和糖浆，放入冰块的柯林杯中。加满冰镇的姜汁汽水，轻轻调和。

姜汁汽水和青柠汁的组合，降低了甜腻的口感，所以在想清口的时候非常推荐。如果选用辣口的姜汁汽水，味道会更加清爽。

一	中口	兑和法
全日酒		柯林杯

令人联想到夕阳的美丽颜色

Sunset Peach
日落海滩

材料

■ 蜜桃汁（Peach Nectar）	45mL
■ 乌龙茶	适量
■ 红石榴糖浆	1tsp.

制作方法 在装有冰的柯林杯里放入蜜桃汁（Peach Nectar）。用冷却的乌龙茶装满，轻轻兑和。

让红石榴糖浆静静地沉淀。蜜桃汁（Peach Nectar）有着浓厚的甜味，和乌龙茶成为意想不到的组合。将如同夕阳一样美丽的颜色一同饮下，会让人上瘾。顺便说一下，"日落海滩"是伏特加基酒的鸡尾酒。

—	甜口	兑和法
全日酒		柯林杯

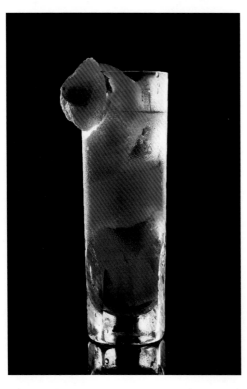

尽情享用红石榴糖浆

Shirley Temple
秀兰·邓波儿

材料

■ 红石榴糖浆	20mL
■ 姜汁汽水（或者使用柠檬汽水代替）	适量

制作方法 将红石榴糖浆倒入加了冰的柯林杯里，然后倒满姜汁汽水（柠檬汽水）。

用连续剥开的柠檬皮做装饰。姜汁汽水稀释了甜味的红石榴糖浆，是非常清爽的一款酒。名字来源于 20 世纪 30 年代的童星女演员的名字。也可以像金马颈（p.153）一样，用柠檬皮做装饰。

—	中口	兑和法
全日酒		柯林杯

表现春天到来的喜悦的饮料

Spring Blossom

春花

材料

■ 青苹果汁	30mL
■ 青柠汁	15mL
■ 哈密瓜糖浆	1tsp.
■ 苏打水	适量

制作方法 将除苏打水以外的材料倒入放有冰块的柯林杯。用苏打水装满，轻轻兑和。

淡淡的绿色使人想起新芽，是表现春天来临的青苹果汁鸡尾酒。酸甜的哈密瓜糖浆，配上鲜榨的酸爽青柠汁和苏打水，让人想起春天的暖阳。

一	甜口	兑和法
全日酒	柯林杯	

酸甜可口的人气饮品

Florida

佛罗里达

材料

■ 橙汁	55mL
■ 柠檬汁	25mL
■ 砂糖	1tsp.
■ 安高天娜苦精酒	2dash

制作方法 把所有的材料和冰倒入调酒器中摇和，然后倒入鸡尾酒杯。

这让人联想起温暖的佛罗里达州生长的橘子，鲜艳色彩和酸甜口感。诞生于美国实行禁酒法的时代。因为含有苦精酒，严格来说酒精度数不是 0%。

一	甜口	摇和法
全日酒	鸡尾酒杯	

摄影协助：朝日啤酒株式会社

成　　员：照片 / Pinot Gris（桥口志健、关根 统）　　插图 / 根岸美帆

　　　　　设计 / 大谷孝久（cavach）　　协助编写 / 入江弘子、加茂直美、富江弘幸、矢野龙广

　　　　　编集·结构 / 株式会社 three-season（大友美雪、川村真央）

　　　　　企划·编集 / 山本雅之（株式会社 Mynavi 出版）、成田晴香（株式会社 Mynavi 出版：底本编集）

参考图书：《最美味的鸡尾酒公式》渡边一也（日本文芸社）;《新版 NBA 官方鸡尾酒书》社团法人日本调酒师协会（柴田书店）;《鸡尾酒 & 烈酒教科书》桥口孝司（新星出版社）;《鸡尾酒完全解读》渡边一也（Natsume 社）;《特色鸡尾酒 178 种》稻保幸（新星出版社）;《鸡尾酒百科 315 种》稻保幸（新星出版社）;《鸡尾酒大百科 800》（成美堂出版）;《鸡尾酒笔记》上田和男（东京书籍）;《鸡尾酒百科》山崎博正（成美堂出版）;《鸡尾酒·最优选择 250》若松诚志（日本文芸社）;《鸡尾酒 400 从经典到原创》中村健二（主妇之友社）;《烈酒百科》桥口孝司（新星出版社）;《larousse 酒百科》（柴田书店）;《利口酒手册》福西英三（柴田书店）

GINZA NO BAR GA OSHIERU GENSEN COCKTAIL ZUKAN
© 3season Co., Ltd 2017
Originally published in Japan in 2017 by Mynavi Publishing Corporation
Chinese (Simplified Character only) translation rights arranged with Mynavi Publishing Corporation through
TOHAN CORPORATION, TOKYO.

©2021 辽宁科学技术出版社
著作权合同登记号：第 06-2018-243 号。

图书在版编目（CIP）数据

鸡尾酒制作图鉴 /（日）斋藤都斗武，（日）佐藤淳
著 ; 杜娜译. — 沈阳 : 辽宁科学技术出版社, 2021.1（2024.8 重印）
ISBN 978-7-5591-1852-3

Ⅰ.①鸡… Ⅱ.①斋… ②佐… ③杜… Ⅲ.①鸡尾酒
— 配制 Ⅳ.①TS972.19

中国版本图书馆CIP数据核字（2020）第200840号

出版发行：辽宁科学技术出版社
　　　　　（地址：沈阳市和平区十一纬路25号　邮编：110003）
印 刷 者：辽宁新华印务有限公司
经 销 者：各地新华书店
幅面尺寸：170mm×240mm
印　　张：12.5
字　　数：200千字

出版时间：2021年1月第1版
印刷时间：2024年8月第7次印刷
责任编辑：朴海玉
封面设计：熊猫设计室
版式设计：袁 舒
责任校对：栗 勇

书　　号：ISBN 978-7-5591-1852-3
定　　价：68.00 元